# Gräser & Farne

Gestaltungs-
beispiele
für jeden
Standort

ULRIKE LEYHE

# Gräser & Farne

Die schönsten Arten für sonnige und
schattige Beete

# Was Sie in diesem Buch finden

# Unscheinbar, aber unverzichtbar

Gräser und Farne haben als grüne Begleiter schon lange Einzug in die Gärten gehalten. Doch hat es auch lange gedauert, bis sie aus ihrem Schattendasein herausgetreten sind und ihre vielen Vorzüge erkannt wurden. Heute sind Gräser und Farne in der Gartengestaltung bereits unentbehrlich geworden.

# Gräser und Farne als grüne Begleiter

Gräser und Farne werden im gärtnerischen Sprachgebrauch häufig zusammen genannt, obwohl sie rein botanisch gesehen keine verwandtschaftliche Beziehung aufweisen. Gemeinsam ist den beiden Pflanzengruppen, dass bei ihnen der Blattschmuck und die Gestalt im Vordergrund stehen. Zahlreiche Gräser bilden zudem dekorative Blüten aus, während die Farne reine Blattschmuckstauden sind. Als grüne Begleiter oder auch als grüner Rahmen bereichern sie Stauden- und Gehölzpflanzungen.

## Etwas Botanik

Gräser und Farne gehören zu den Stauden, wie man gärtnerisch die mehrjährigen krautigen Pflanzen bezeichnet. Ebenfalls zu den Gräsern zählen die Bambusse, die ausdauernde, aber verholzte Halme bilden und somit zwischen den Stauden und Gehölzen stehen. Neben den staudigen Gräsern gibt es auch eine Vielzahl von einjährigen Gräsern, die einen hohen Schmuckwert aufweisen.

**Viele Süßgräser zeigen attraktive Blüten- und Fruchtstände, die als Ähren, Trauben oder Rispen bezeichnet werden.**

## Gräser

Als Gräser bezeichnet man im gärtnerischen Sprachgebrauch die Vertreter der Pflanzenfamilien der Süßgräser (Poaceae), der Sauer- oder Riedgräser (Cyperaceae) und der Binsengewächse (Juncaceae). Mit ihren insgesamt ca. 13 000 Arten bilden sie drei der größten Pflanzenfamilien. Botanisch exakt zählen nur die Süßgräser zu den echten Gräsern. Da aber alle drei Familien sowohl optisch als auch hinsichtlich der Verwendung viele Gemeinsamkeiten aufweisen, werden sie in der gärtnerischen Praxis auch alle als Gräser bezeichnet.
Am wichtigsten ist die Familie der **Süßgräser**. Sie umfasst rund 9 000 Arten, die über die ganze Erde verbreitet sind und häufig große Flächen bedecken.
Neben den zahlreichen Zierformen enthält die Familie auch eine Reihe wichtiger Nutzpflanzen. Alle unsere Getreidearten, die Wiesen- und Weidegräser, ferner Mais und Zuckerrohr, der Reis wie auch die in den Tropen vorkommenden Bambusse gehören zu den Poaceen.
Das typische Merkmal der Süßgräser sind die runden Halme, die hohl sind und durch Kno-

ten gegliedert werden. An der Basis der Halme oder auch an den Halmen selbst entwickeln sich die Blätter. Die Blüten sitzen meist endständig mit locker rispigen oder schmal ährigen Blütenständen.
Die Sauergräser sind an den knotenlosen, dreikantigen und markhaltigen Stängeln zu erkennen. Ein Kennzeichen der Binsengewächse sind die runden Stängel, die mit Mark gefüllt sind.

## Gräserblüten

Gräser zeigen keine auffälligen, sondern eine Vielzahl kleiner, unscheinbarer Blüten. Da sie durch den Wind bestäubt werden, fehlen ihnen die auffälligen, leuchtend bunten Blüten, die sonst die Insekten anlocken. Die zahlreichen kleinen Blüten sind in Ährchen vereinigt, diese wiederum sind als Blütenstand zusammengefasst. Je nach Anordnung werden sie als Ähren, Trauben oder Rispen bezeichnet. Bei vielen Gräsern erhöhen die Blütenstände den Zierwert. Teilweise sind die Deckspelzen der Ährchen mit langen, fedrigen oder glatten Grannen versehen, die z. B. den Federgräsern *(Stipa)* oder der Mähnen-Gerste *(Hordeum jubatum)* einen besonderen Charme verleihen.

**Die Blütenstände der Sauergräser (hier eine Segge) sind optisch weniger auffällig als die der Süßgräser.**

## Naturstandorte

Betrachtet man das Vorkommen der Gräser in der Natur, so kann man feststellen, dass Vertreter der Gräser von der Meeresküste bis ins Hochgebirge anzutreffen sind; zudem sind sie in allen Erdteilen der Welt beheimatet. Oft bilden sie als landschaftsprägende Elemente den Hauptbestandteil der Vegetation, etwa in den süd- und nordamerikanischen Prärien und Savannen oder den Steppengebieten. Somit sind Gräser in der Natur allgegenwärtig. Dementsprechend findet sich auch für jede Gartensituation und für jeden Standort ein geeignetes Gras.

# Bambusse

Eine Sonderstellung innerhalb der Gräser nehmen die Bambusse ein. Die 1500 Arten bilden eine Unterfamilie der Süßgräser (Poaceae). Im Unterschied zu den anderen Süßgräsern bilden die Bambusarten verholzende Halme, die ausdauernd sind. Von echten Gehölzen unterscheidet die Bambusse, dass sie kein »sekundäres« Dickenwachstum haben und die Halme bestenfalls 10 Jahre halten.

## Die äußere Gestalt

Eine Bambuspflanze besteht aus dem unterirdischen Rhizom, dem Halm und den beblätterten Zweigen.

### Bambushalme

Den höchsten Schmuckwert besitzen die Bambushalme. Je nach Art schwankt die Höhe der Halme zwischen 20 cm bis zu 40 m. In unseren Breitengraden erreichen sie nur selten Höhen über 6–8 m. Bambushalme der meisten Bambusarten sind grün gefärbt, aber es gibt auch gelb, braun, schwarz oder rötlich gefärbte Halme.

Bambussprosse wachsen sehr schnell, innerhalb von zwei Monaten erreichen sie ihre volle Wuchshöhe. Die Halme kommen bereits in ihrer endgültigen Stärke aus dem Boden, da ihnen ein sekundäres Dickenwachstum fehlt. Zuerst wird der Bambushalm auf seine endgültige Endhöhe geschoben, erst dann

Besonders zierend sind die Bambushalme, die häufig grün, aber auch gelb, schwarz oder bräunlich gefärbt sein können.

Bambusrhizome sind sehr spitz und hart. Da ihnen ein sekundäres Dickenwachstum fehlt, zeigen sie sofort ihre endgültige Halmstärke.

entfalten sich die Zweige und Blätter. Die Länge, die ein Halm im Austriebsjahr erreicht, ist somit auch seine endgültige Höhe. Allerdings bilden sich bei jungen Pflanzen und guter Entwicklung in den ersten Jahren nach der Pflanzung jedes Jahr dickere und höhere Halme. Bambushalme haben in der Regel eine Lebensdauer von 5–7 Jahren, danach verbleichen sie, werden trocken und sterben ab.

## Belaubung

Bambusblätter sind immergrün; dennoch werden die Blätter nicht besonders alt. Jedes Jahr im Frühjahr wird ein Teil der Blätter ausgewechselt.

## Bambusrhizome

Die Bambushalme wachsen aus unterirdischen Rhizomen. Diese entwickeln sich vor allem im Frühsommer, wenn das Halm- und Zweigwachstum abgeschlossen ist. Bei den Bambusarten unterscheidet man zwischen den horstig wachsenden und Ausläufer bildenden Arten.

Ausschlaggebend für die Wuchsform ist die Form der Rhizome. Die Horst bildenden Bambusse haben kurze, gestauchte Rhizome, die nach oben wachsen und neue Halme bilden. Somit entstehen Horste mit dicht stehenden Halmen, die sich in ihrem Umfang vergrößern.

Ausläufer bildende Bambusse haben lange und schlanke Rhizome, die waagerecht wachsen. Aus den Augen der Rhizome können sich Halme oder neue Rhizome entwickeln.

**Bambusblüten sind eher unerwünscht, da sie bei einigen Arten die Pflanze bis zum Absterben schwächen können.**

## Bambusblüten

Die Bambusblüte ist in der Gartenverwendung nicht nur ohne Bedeutung, sondern sogar unerwünscht, da sie die Pflanze bis zum Absterben schwächen kann. Bambusse blühen äußerst selten, je nach Art können die Blühintervalle 20–30 oder sogar 80–120 Jahre betragen.

Bekannt geworden sind blühende Bambusse, als Mitte der neunziger Jahre weltweit *Fargesia murieliae* geblüht hat. *Fargesia*-Arten verausgaben sich bei der Samenbildung, sodass sie absterben.

Blühende *Pleioblastus*-Arten werden durch die Blüte kaum geschädigt, während blühende *Phyllostachys* nach Rückschnitt und Düngung wieder gut durchtreiben.

# Farne

Farne zählen zu den ältesten Landpflanzen und sind vor etwa 400 Millionen Jahren entstanden. Die meisten von ihnen sind ausgestorben. Während der sogenannten Farnzeit dominierten die Farne zusammen mit Bärlappgewächsen und Schachtelhalmen die Wälder. Heute bilden sie in Form von Steinkohle einen wichtigen Energielieferanten. Entwicklungsgeschichtlich stellen die Farne den Übergang von den blütenlosen zu den Blütenpflanzen dar. Sie bilden eine eigenständige Gruppe, die im Unterschied zu den Blütenpflanzen keine Blüten und Samen, sondern Sporen ausbildet.
Im Vergleich zum Erdaltertum existieren heute weitaus weniger Farnarten. Noch existent sind rund 220 Farngattungen mit ungefähr 9000 Arten. Die meisten sind in den Tropen und Subtropen beheimatet, wo einige Arten, die Baumfarne, die Größe von Bäumen erreichen. Bei uns sind lediglich 44 Arten heimisch. Innerhalb der Stauden bilden die Farne eine eigene, scharf abgegrenzte und recht einheitliche Pflanzengruppe. Unsere Freilandfarne sind krautige Pflanzen, die entweder im Herbst ihr Laub verlieren oder auch winter- bzw. immergrün sind. Farne überraschen durch ihre große Mannigfaltigkeit in der Ausbildung der Blätter, die bei Farnen Wedel genannt werden. Diese Wedel sind je nach Art ganzblättrig oder einfach bis vielfach gefiedert. Die Farbpalette der Wedel reicht von Hell- über Dunkelgrün bis hin zu rötlichen und silbergrauen Farbtönen.

**Bei vielen Farnen sitzen die Sporen in Sporenbehältern auf der Unterseite der Blätter. Einige Arten wie der Königsfarn bilden auch separate Sporenträger aus (kleines Bild).**

## Sporen statt Samen

Farne produzieren keine Samen, sondern Sporen. Die Sporenträger sitzen in Sporenbehältern, die man als Punkte, Striche oder Tüpfelchen meistens auf der Unterseite der Wedel findet. Es gibt fruchtbare (fertile) und unfruchtbare (sterile) Wedel, bei den sterilen Wedel fehlen die Sporenträger.
Bei den meisten Farnen sind beide Wedelformen äußerlich praktisch gleich. Bei einigen Farnarten unterscheiden sich die sporentragenden Wedel jedoch von den normalen Blät-

Besonders attraktiv ist das Frühlingserwachen der Farne, wenn sich ihre Wedel wie Bischofsstäbe entrollen.

tern, ein Phänomen, das als Verschiedenblättrigkeit (Heterophyllie) bezeichnet wird. Unterschiedliche Wedelformen kann man beim Trichterfarn *(Matteuccia struthiopteris)* oder dem Königsfarn *(Osmunda regalis)* beobachten. Beim Trichterfarn folgen im Blattaustrieb eines Jahres auf ausschließlich assimilierende Blätter einige nur der Sporenerzeugung dienende fruchtbare Wedel, die in der Gestalt erheblich von den sterilen Wedeln abweichen. Beim Königsfarn entstehen auf diese Weise im oberen Teil der Wedel ganz der Sporenproduktion dienende Blattabschnitte.

## Vom Austrieb der Farne

Besonders reizvoll präsentieren sich Farne während des Austriebs im Frühjahr. Bereits im Herbst sind die Wedel für das nächste Jahr ausgebildet. Sie werden von Spreuschuppen (kleinen schuppenartigen Blättchen) ebenso wie vom Herbstlaub und vor den alten Wedeln geschützt. Nur durch diese Vorarbeit gelingt es den Farnpflanzen, ihre Wedel zu Beginn der Vegetationszeit so schnell zu entfalten. Ein besonders schönes Frühlingserwachen ist das Entfalten bzw. Ausrollen der Blattwedel, die an einen Bischofsstab erinnern. Sobald die Blattwedel vollständig entfaltet sind, begeistern Farne mit ihren frischgrünen Wedeln.

### Auf einen Blick

- Gräser und Farne spielen als grüne Begleiter eine wichtige Rolle.
- Rein botanisch bestehen zwischen Gräsern und Farnen keine verwandtschaftlichen Beziehungen.
- Gemeinsam ist ihnen, dass sie vorwiegend durch den Blattschmuck und ihre Gestalt wirken.
- Die Farne bilden eine sehr einheitliche Gruppe innerhalb der Stauden, man kann sie auch als reine Blattschmuckstauden bezeichnen.
- Bei den Ziergräsern unterscheidet man einjährige Arten (Annuelle), ausdauernde, krautige Arten (Stauden) und verholzende Arten (Bambusse).

# Die schönsten Gräser und Farne

Staudengärtnereien bieten umfangreiche Gräser- und Farnsortimente an. Aus der Fülle der Arten und Sorten stellen wir hier die schönsten Gräser und Farne vor.



## Erklärung zu den Symbolen

**Symbolleiste:**
Die Symbolleiste gibt in Kurzform Auskunft über die Blütezeit, den Lichtanspruch, die Horst- und Blütenhöhe der Pflanze.

**Blütezeit**
✿ Monate der Blütezeit.

**Lichtansprüche**
☼ Sonnig
◑ Halbschattig
● Schattig

**Horsthöhe**
Angabe der Horsthöhe in Zentimeter

**Blütenhöhe**
Angabe der Blütenhöhe in Zentimeter

# Allgemeine Bemerkungen

In den Pflanzenporträts werden die Wuchsform sowie Blatt- und Blütenmerkmale beschrieben und Hinweise zu Standortansprüchen gegeben. Ergänzt wurden die Porträts mit wertvollen Pflegetipps und Hinweisen zur standortgerechten Verwendung der Gräser. Zur Abrundung finden sich am Ende Sortenempfehlungen. Die Symbolleiste ermöglicht einen schnellen Überblick über Blütezeit, Wuchshöhe und Lichtansprüche.

## Botanische Namen

Damit Verwechslungen vermieden werden, sind die botanischen Namen aufgeführt. Im

Bei vielen Gräsern steht der Blattschmuck im Vordergrund. Mit ihren schmalen Blattformen setzen sie als grüne Begleiter wirkungsvolle Kontraste.

Farne sind reine Blattschmuckstauden, die vor allem mit ihren filgranen Blattwedeln zieren. Besonders attraktiv sind sie während des Austriebs.

Volksmund gibt es häufig unterschiedliche Bezeichnungen für eine Pflanze, sodass die botanischen Namen unentbehrlich sind. Der botanische Artname, z. B. *Arundo donax,* wird häufig durch eine Sortenbezeichnung ergänzt, die in Anführungszeichen gesetzt wird, etwa 'Versicolor'. Kreuzungen zwischen zwei Arten werden mit einem × vor dem Artnamen gekennzeichnet. Sie werden auch als Bastarde oder Hybriden bezeichnet. Ein Beispiel bietet die Gattung *Calamagrostis.* Die weit verbreitete Sorte 'Karl Foerster' ist eine Auslese aus einem Naturbastard zwischen *Calamagrostis epigejos* und *Calamagrostis arundinacea.* Das Kreuzungsergebnis heißt *Calamagrostis × acutiflora.* Ein besonders aufrecht wachsender Typ wurde als Sorte selektiert, die nach dem berühmten Staudenzüchter Karl Foerster benannt wurde.

## Auswahl der Pflanzenporträts

In den folgenden Beschreibungen finden Sie in alphabetischer Reihenfolge der botanischen Namen eine Auswahl der schönsten Gräser und Farne. Die Gräser sind eingeteilt in die einjährigen Arten, die wie Sommerblumen ausgesät werden, und die ausdauernden, also mehrjährigen krautigen Gräser, die

### Übersicht der Stauden-Gräser

| **Riesengräser (bis 180 cm)** | **Sonnige Standorte** |
|---|---|
| *Arundo donax* | Breitblättriges Pfahlrohr |
| *Miscanthus × giganteus* | Riesen-Chinaschilf |
| *Miscanthus sinensis* (in Sorten) | Chinaschilf |
| *Cortaderia selloana* | Pampasgras |

| **Großgräser (über 100 cm)** | **Sonnige Standorte** |
|---|---|
| *Calamagrostis × acutiflora* 'Karl Foerster' | Garten-Sandrohr |
| *Miscanthus sinensis* (in Sorten) | Chinaschilf |
| *Panicum virgatum* | Ruten-Hirse |
| *Phalaris arundinacea* 'Picta' | Weißbuntes Rohr-Glanzgras |
| *Schizachyrium scoparium* | Kleines Präriegras |
| *Spartina pectinata* 'Aureomarginata' | Goldleisten-Bandgras |
| *Sorghastrum nutans* | Goldbartgras |
| *Spodiopogon sibiricus* | Zotten-Raugras |
| *Stipa gigantea* | Riesen-Federgras |

## Übersicht der Stauden-Gräser

| **Großgräser (über 100 cm)** | **Halbschattige bis lichtschattige Standorte** |
|---|---|
| *Molinia arundinacea* | Riesen-Pfeifengras |
| | |
| **Mittelhohe Gräser (über 40 cm)** | **Sonnige Standorte** |
| *Calamagrostis brachytricha* | Diamantgras |
| *Carex buchananii* | Fuchsrote Segge |
| *Festuca mairei* | Atlas-Schwingel |
| *Glyceria maxima* 'Variegata' | Weißbunter Wasserschwaden |
| *Helictotrichon sempervirens* | Blaustrahlhafer |
| *Hystrix patula* | Flaschenbürstengras |
| *Koeleria glauca* | Blaue Kammschmiele |
| *Pennisetum alopecuroides* | Australisches Lampenputzergras |
| *Sporobolus heterolepis* 'Wisconsin Strain' | Tropfengras |
| *Stipa calamagrostis* | Silberährengras |
| *Stipa capillata* | Büschelhaargras |
| *Stipa pulcherrima* | Reiher-Federgras |
| *Carex grayi* | Morgenstern-Segge |
| *Carex pendula* | Riesen-Segge |
| *Carex muskingumensis* | Palmwedel-Segge |
| *Chasmanthium latifolium* | Plattährengras |
| *Deschampsia cespitosa* | Rasen-Schmiele |
| *Hakonechloa macra* 'Aureola' | Gelbbuntes Japangras |
| *Milium effusum* 'Aureum' | Gold-Waldhirse |
| *Molinia caerulea* | Moor-Pfeifengras |
| *Luzula sylvatica* | Wald-Marbel |
| | |
| **Kleinwüchsige Gräser (unter 40 cm)** | **Sonnige Standorte** |
| *Bouteloua gracilis* | Haarschotengras, Moskitogras |
| *Briza media* | Herz-Zittergras |
| *Carex montana* | Berg-Segge |
| *Festuca amethystina* | Regenbogen-Schwingel |

## Übersicht der Stauden-Gräser

| Kleinwüchsige Gräser (unter 40 cm) | Sonnige Standorte |
|---|---|
| *Festuca glauca* | Blau-Schwingel |
| *Festuca gautieri* | Bärenfell-Schwingel |
| *Imperata cylindrica* 'Red Baron' | Japanisches Blutgras |
| *Melica ciliata* | Wimpern-Perlgras |
| *Sesleria autumnalis* | Blaugras |

| Kleinwüchsige Gräser (unter 40 cm) | Halbschattige bis schattige Standorte |
|---|---|
| *Carex caryophylla* 'The Beatles' | Schopf-Segge |
| *Carex elata* 'Aurea' | Gelbe Steife Segge |
| *Carex morrowii* 'Variegata' | Weißbunte Japan-Segge |
| *Carex ornithopoda* 'Variegata' | Weißbunte Vogelfuß-Segge |
| *Carex oshimensis* 'Evergold' | Gelbbunte Segge |
| *Carex plantaginea* | Breitblättige Segge |
| *Carex remota* | Winkel-Segge |
| *Carex sylvatica* | Wald-Segge |
| *Luzula nivea* | Schnee-Marbel |

zu den Stauden gehören. Eine dritte Gruppe bilden die verholzenden Gräserarten, die Bambusse, die zu den Gehölzen zählen. Die hier vorgestellten Bambusse sind nicht nur nach Schönheit ausgewählt, sondern auch nach ihrer Robustheit und Winterhärte. Alle Angaben über Wuchs, Höhe und Winterhärte beziehen sich auf ausgepflanzte und gut angewurzelte Bambusse. Die nächste Gruppe bilden die Farne, eine Sondergruppe innerhalb der Stauden, da bei ihnen die Blüten fehlen. Hier werden für Gärten besonders geeignete Farne mit ihren Arten und Sorten vorgestellt.

## Lichtansprüche und Wuchsgrößen als Auswahlhilfe

**Die staudigen Gräser bieten eine beachtliche Vielfalt. Große Unterschiede zeigen sich vor allem bei Wuchshöhe und Wuchsformen. Unterschiedlich sind auch die Standortansprüche. Als erste Auswahlhilfe sind die staudigen Gräser hier entsprechend ihren Größen und ihren Lichtansprüchen in vier Gruppen eingeteilt. Somit findet sich für jede Staudenpflanzung auch ein geeignetes Gras.**

# Die schönsten Staudengräser

## Breitblättriges Pfahlrohr

*Arundo donax*

✿ 8–9 | ☼ | 3–4 m | –

Exotisch anmutendes Solitärgras

**Wuchs:** Schilfartig, straff aufrecht, breitet sich durch rhizomartige Ausläufer langsam aus.

**Blatt:** Graugrün, breit lanzettlich, schilfähnlich, spät austreibend.

**Blüte:** Gedrungene rötliche, später weißlich gefärbte Blütenrispen, kommt in unseren Breitengraden nicht zur Blüte, sichere Blüte nur in Südeuropa.

**Standort:** Nährstoffreiche, frische bis feuchte Böden, vollsonnige und warme Plätze. Empfindlich gegen Winternässe.

*Arundo donax*, das Breitblättrige Pfahlrohr, ist das größte Gras unter den europäischen Gräsern.

**Pflege:** In raueren Lagen ist ein Winterschutz empfehlenswert. Rückschnitt erfolgt bereits im Herbst, damit eine Laubabdeckung aufgebracht werden kann. Während der Vegetationszeit auf gute Wasser- und Nährstoffversorgung achten.

**Verwendung:** Solitärgras für geschützte Standorte und wintermilde Klimate. Vor Hauswänden, Mauern, in Wassernähe. Größtes Staudengras, das bei uns verwendet wird.

**Bewährte Sorte:**

- 'Versicolor', weiß gestreifte Blätter, 200 cm. Wesentlich frostempfindlicher als die Art, daher nur als Kübelpflanze mit frostfreier Überwinterung zu empfehlen. Interessante Strukturpflanze mit hohem Zierwert.

## Haarschotengras, Moskitogras

*Bouteloua gracilis*

✿ 7–9 | ☼ | 20 | 40

Dekoratives Gras mit einem ausgefallenen Fruchtschmuck

**Wuchs:** Horstartig mit straff aufrechten Blütenhalmen.

**Blatt:** Bläulich grün, schmal lineal, überhängend, violettbräunliche Herbstfärbung.

**Blüte:** Zierliche Halme mit waagerecht abstehenden, dunklen Ährchen, die an Schoten oder Moskitos erinnern.

**Markant sind die witzigen, über dem Laub schwebenden Fruchtstände von *Bouteloua gracilis*, dem Moskitogras.**

**Standort:** Durchlässige, nicht zu nährstoffreiche, trockene Böden in voller Sonne. Wärme liebend und nässeempfindlich. Ihre volle Schönheit entfalten sie nur an trockenen, warmen Gartenplätzen.
**Verwendung:** Steppenhafte Beete, naturnahe Pflanzungen, in Kombination mit Wildstauden.
**Pflege:** In raueren Lagen ist ein Winterschutz mit einer Laubabdeckung empfehlenswert.

## Herz-Zittergras

*Briza media*

✿ 5–8 | ☼ | 25 | 40

Zierliches Gras mit grazilem Blütenschmuck
**Wuchs:** Locker horstig, kurze Ausläufer bildend.
**Blatt:** Frischgrün, schmalblättrig.
**Blüte:** Vielblütige Rispen mit bräunlich purpurfarbenen, herzförmigen Ährchen, die sich bereits beim kleinsten Windhauch bewegen und zittern.
**Standort:** Trockene bis frische, nicht zu nährstoffreiche Böden in sonniger Lage.
**Pflege:** Nicht düngen. Ausschneiden der Blütenrispen, wenn diese beginnen unansehnlich zu werden. Rückschnitt der Blatthorste erst im Frühjahr.
**Verwendung:** Natur- und Heidegarten, steppenhafte Pflanzungen, Steingarten, trockene Magerrasen. Als Schnitt für Trockensträuße.
**Bewährte Sorte:**

- 'Limouzi', in allen Teilen größer als die Art, 50/80 cm.

**Den größten Schmuckwert besitzen die Blüten- und Fruchtstände von *Briza media*, dem Herz-Zittergras.**

## Gartensandrohr

*Calamagrostis × acutiflora* 'Karl Foerster'

✿ 6–8 | ☼ – ◐ | 60 | 160

Markanter Strukturbildner mit anhaltendem Schmuckwert

**Wuchs:** Horstiger Blattschopf mit steif aufrechten Blütenhalmen.

**Blatt:** Frischgrün, aufrecht, schmal linealisch, sehr früh austreibend, ab September leuchtend ockergelbe Herbstfärbung.

**Unverkennbar ist bei *Calamagrostis × acutiflora* 'Karl Foerster' der horstige Blattschopf mit den steif aufrecht stehenden Blütenhalmen.**

**Blüte:** Straff aufrechte, schmale Blütenähren, die sich im Spätsommer ockergelb verfärben.

**Standort:** Mäßig trockene bis frische Gartenböden, sonnig bis halbschattig. Hitze und kurzzeitige Trockenheit werden vertragen. Hinsichtlich Boden und Feuchtigkeit ausgesprochen anspruchslos.

**Pflege:** Zeitiger Rückschnitt im Spätwinter, da bereits im März austreibend. Beschattung und zu nährstoffreiche Böden führen zu Standschwäche.

**Verwendung:** Vielseitig verwendbar, auffälliger Gerüst- und Strukturbildner für Rabatten, lichter Gehölzrand, ideal auch für naturnahe Pflanzungen.

**Bewährte Sorte:**

- 'Overdam', weiß gerandete Blätter, straff aufrecht, 7–9, 50/150 cm. Ein Totalrückschnitt nach der Blüte bewirkt einen ansehnlichen Neuaustrieb, der weniger steif aufrecht wächst.

## Diamantgras

*Calamagrostis brachytricha*
(Syn.: *C. arundinacea* var. *brachytricha, Achnatherum brachytricha)*

✿ 8–10 | ☼ – ◐ | 60 | 100

Ein attraktiver und schmuckvoller Neuling im Gräsersortiment

**Wuchs:** Halbkugelförmige Horste mit zahlreichen herausragenden Blütenhalmen.

**Blatt:** Glänzend dunkelgrün, schmal lanzettlich, elegant überhängend.

**Blüte:** Silbrigrosafarbene, sehr fein verzweigte Blütenrispen, die Wasser- und Tautropfen im Licht wie Diamanten aufblitzen lassen.
**Standort:** Durchlässige, frische und nährstoffreiche Böden, sonnig bis halbschattig.
**Pflege:** Rückschnitt erst im Frühjahr.
**Verwendung:** Einzeln oder in kleinen Gruppen, als Gerüstbildner in Rabatten, naturnahe Pflanzungen am lichten Gehölzrand, wiesenartige Pflanzungen.

## Fuchsrote Segge, Neuseeland-Segge

*Carex buchananii*

✿ 6–7 | ☼ | 40 | 50

Dekoratives Gras mit einer außergewöhnlichen Farbe
**Wuchs:** Horstig, schopfartig.
**Blatt:** Fast ganzjährig rotbraun, sehr schmalblättrig, Blattspitze weich übergeneigt.
**Blüte:** Unauffällige Ähren, Blütenhalme mit je 4–5 ockergelben Ähren, die kaum aus dem Laub herausragen, ohne zusätzliche Schmuckwirkung.
**Standort:** Durchlässige, frische bis feuchte Böden in sonniger Lage, hinsichtlich der Bodenansprüche anspruchslos.
**Pflege:** Rückschnitt erst im Frühjahr, bietet reizvollen Winteraspekt. Benötigt in ungeschützten Lagen einen Winterschutz.
**Verwendung:** Wegen der außergewöhnlichen Farbe gleichermaßen interessant wie schwierig zu verwenden. Spannungsvolle Kontraste entstehen in Pflanzungen mit rotlaubigen Purpurglöckchen *(Heuchera)* und rotblühenden Indianernesseln *(Monarda)* oder in Stachelnüsschen-Teppichen *(Acaena)*.

**Die schmuckvollen Fruchtstände und die ansprechende Herbstfärbung der Blätter machen *Calamagrostis brachytricha* zu einem ganz besonderen Gräserschatz.**

**Ähnliche Art:**

- *C. comans* ‘Bronze’, Neuseeländische Haar-Segge, schopfartige Horste, sehr schmal- und langblättrig, bronzefarbenes Laub, bogig übergeneigt. Ansprüche und Verwendung wie *Carex buchananii*, 30/40 cm.
- *C. comans* ‘Frosted Curls’, dichte goldbronzefarbene Horste, 30/40 cm.

## Goldgelbe Steife Segge

*Carex elata* 'Aurea' (= 'Bowles Golden')

✿ 4–5 | ◐ | 40 | 50

Wertvolles goldgelbes Schmuckgras

**Wuchs:** Dichte Horste bildend.

**Blatt:** Goldgelb mit grünem Rand, besonders farbintensiv während dem Austrieb, schmalblättrig, locker überhängend, früh austreibend, wintergrün.

**Blüte:** Dichte, ährige Blüten, bräunlich, ohne zusätzlichen Schmuckwert.

**Standort:** Humose, frische bis feuchte Böden, licht- bis halbschattig. Sonnige Standorte sind nur bei einer ausreichenden Bodenfeuchte möglich.

**Pflege:** Rückschnitt erst im Frühjahr. In Trockenperioden wässern.

**Verwendung:** Interessantes Gras zur Aufhellung von lichtschattigen Gehölzpartien. Besonders wirkungsvoll vor dunklem Hintergrund, schön in Kombination mit Frauenmantel *(Alchemilla mollis)*, Funkien *(Hosta)*, Lungenkraut *(Pulmonaria)* und Beinwell *(Symphytum)*. Am Teich- und Wasserrand.

Am intensivsten ist die goldgelbe Blattfarbe von *Carex elata* 'Aurea' während des Austriebs.

## Morgenstern-Segge

*Carex grayi*

✿ 6–8 | ☼ – ◐ | 50 | 60

Anspruchloses Gras mit interessantem Fruchtschmuck

**Wuchs:** Horstartig, aufrecht.

**Blatt:** Frischgrün, schmal, etwas steif bogig überhängend, früher Austrieb, im Herbst lange grün bleibend.

**Blüte:** Auffällige, morgensternähnliche Fruchtstände.

**Standort:** Sehr anspruchslos, wächst in allen Gartenböden, frisch bis feucht, verträgt selbst trockene Böden und seichten Wasserstand, sonnig bis halbschattig.

**Pflege:** Rückschnitt im zeitigen Frühjahr. Gießen in Trockenperioden.

**Verwendung:** Naturnahe Pflanzungen, am Wasserrand und Gartenteich. Fruchtstände auch als Trockenschmuck interessant.

## Berg-Segge

*Carex montana*

✿ 3–4 | ☼ | 15 | 25

Dauerhaft ansprechendes Gras

**Wuchs:** Dichte, schopfartige Horste.

**Blatt:** Frischgrün, schmal- und langblättrig, sehr früh austreibend, schöne goldbraune Herbstfärbung.

**Blüte:** Schwefelgelbe, pinselartige Blütenstände, früh blühend.

**Standort:** Kalkhaltige, trockene bis frische Lehmböden, sonnig bis lichtschattig, Wärme liebend.

**Pflege:** Rückschnitt erst im Frühjahr. Wenn die Gräser aus der Mitte heraus verkahlen, sollten die Horste verjüngt werden.

**Verwendung:** Steppenpflanzungen, Trockenmauern, Felsfugen, Steingarten, sonniger Gehölzrand.

Besonders auffällig geformt sind die stacheligen Fruchtstände von *Carex grayi*, der Morgenstern-Segge.

## Weißbunte Japan-Segge

*Carex morrowii* 'Variegata'

✿ 4 | ◐–● | 30 | 40

Bewährtes immergrünes Gras

**Wuchs:** Halbkugelförmige, dichte Horste, mit der Zeit sehr breit werdend.

**Blatt:** Dunkelgrün mit schmalen cremeweißen Streifen am Rand, breit lineal, zuerst straff aufrecht, später locker übergeneigt, immergrün, das ganze Jahr über ansprechend.

Die immergrünen Horste von *Carex morrowii* 'Variegata' wirken das ganze Jahr hinweg sehr ansprechend, sodass es zu den schönsten immergrünen Gräsern zählt.

## Mein Rat

Ausgefallene Gräsersortimente und -raritäten findet man auch auf den verschiedenen Gartentagen, die sich mittlerweile quer durch Deutschland etabliert haben. Die Termine werden in den verschiedenen Gartenzeitschriften veröffentlicht.

**Blüte:** Kleine, gelbe Blütenähren, die kaum aus dem Laub herausragen.
**Standort:** Humose, frische bis feuchte Böden, halbschattig bis schattig. Empfindlich gegen Trockenheit und Nässe. Sonnige Standorte sind nur bei ausreichender Bodenfeuchte möglich, aber problematisch wegen Frosttrockenis im Winter.
**Pflege:** Unansehnliche Blätter im Frühjahr entfernen. Wenn der ganze Horst verbräunt ist, hilft ein Totalrückschnitt, die Gräser treiben willig wieder aus. In Trockenperioden gut wässern.
**Verwendung:** In kleinen Gruppen, Gehölzunterpflanzung, Rhododendrongarten, im Mauerschatten, in Schattenpflanzungen zusammen mit Funkien *(Hosta)*, Lungenkraut *(Pulmonaria)*, Elfenblumen *(Epimedium)* und Schaumblüte *(Tiarella)*.
**Bewährte Sorte:**

- 'Ice Dance', cremefarbig gestreifte Blätter, auffälliger gefärbt als bei 'Variegata', wintergrün. Intensive Ausläuferbildung, 30/40 cm.

Der volkstümliche Name Palmwedel-Segge charakterisiert die Wuchsform von *Carex muskingumensis* sehr trefflich.

## Palmwedel-Segge

*Carex muskingumensis*

7–8 | ☼ – ◐ | 60 | 70

Aufrechtes Gras mit eigenwilliger Gestalt
**Wuchs:** Dichte Horste.
**Blatt:** Frischgrün, aufrechte Halme, die auf ganzer Länge mit schmal lanzettlichen Blättern besetzt sind, ähnlich wie Palmwedel.
**Blüte:** Endständige, kurze braune Blütenähren.
**Standort:** Humos-lehmige, frische bis feuchte Böden, sonnig bis halbschattig.
**Pflege:** Ältere Horste neigen zu Standschwä-

che, daher regelmäßig verjüngen. Standfester sind die Sorten.

**Verwendung:** Teich, Wasserrand, auch für den Gehölzrandbereich.

**Bewährte Sorten:**

- 'Wachtposten', ähnlich wie die Art, aber standfester.
- 'Silberstreif', Blätter grün mit weißen Streifen, schwachwüchsiger als die Art, 50/60 cm.

## Weißbunte Vogelfuß-Segge

*Carex ornithopoda* 'Variegata'

✿ 6–7 | ◐ | 15 | 20

Weißbuntes Zwerggras

**Wuchs:** Dichte, gedrungene Horste.

**Blatt:** Frischgrün mit weißen Längsstreifen, schmal lineal, überhängend, wintergrün.

**Blüte:** Zierliche Blütenähren, die vogelfußartig zusammenstehen und krallenförmig gebogen sind, wenig auffallend.

**Standort:** Bevorzugt lockere humose, frische Böden, licht- bis halbschattig. Wärme liebend und kalkhold.

**Pflege:** Rückschnitt erst im Frühjahr.

**Verwendung:** In kleinen Gruppen verwenden, als Blatt- und Farbkontrast zwischen schwachwüchsigen Arten und Sorten von Halbschatten- und Schattenstauden wie Funkien *(Hosta)*, Purpurglöckchen *(Heuchera)*, Schaumblüte *(Tiarella)* und Lungenkraut *(Pulmonaria)*.

## Gelbbunte Segge

*Carex oshimensis* 'Evergold'
(Syn.: *C. hachijoensis* 'Evergold')

✿ 4–5 | ◐–● | 20 | 30

Wertvolles Zwerggras

**Wuchs:** Zierliche Horste.

**Blatt:** Frischgrün mit auffällig gelbem Mittelstreifen, sehr schmalblättrig, immergrün.

**Blüte:** Dünne Blütenhalme mit winzigen Ähren, ohne zusätzlichen Zierwert.

**Standort:** Locker humose, frische Böden. Dauerhafter Blattschmuck in geschützten halbschattigen und schattigen Gartenpartien.

**Pflege:** Nach dem Winter unansehnliche Blätter entfernen oder bei Bedarf auch Totalrückschnitt. Ein Winterschutz und ein vor Wintersonne geschützter Standort sind ratsam.

**Verwendung:** In kleinen Gruppen verwenden. Effektvolle Aufhellung von Gehölz- und

***Carex oshimensis*** **'Evergold' ist eine der besten bunten Seggen-Sorten, die dunkle Schattenpartien effektvoll aufhellen können.**

Gehölzrandpflanzungen. Im Schatten von Mauern und Hauswänden, Innenhöfe.

**Ähnliche Art:**

- *C. conica* 'Snowline', flache, breit auseinanderfallende Horste, dunkelgrün mit weißem Rand, schmal lineal, langblättrig, immergrün, 15/20 cm. Ansprüche und Verwendung wie *C. oshimensis* 'Evergold'.

## Riesen-Segge, Hänge-Segge

*Carex pendula*

✿ 5–6 | ◐–● | [Blatt] 50 | [Blüte] 150

Ausdauerndes immergrünes Solitärgras

**Wuchs:** Stattliche Horste, breit buschig.

**Blatt:** Glänzend dunkelgrün, breit lineal, bogig überhängend, immergrün.

Die Hänge-Segge (*Carex pendula*) wird wegen ihrer großen Ähren auch Riesen-Segge genannt. Sie ist eine beliebte Zierpflanze im Garten.

**Blüte:** Elegant geschwungene Blütenstände mit weit aus dem Horst ragenden Ähren.

**Standort:** Frische bis feuchte, humos-lehmige, nicht zu kalkhaltige Böden, halbschattig bis schattig. Insgesamt wenig anspruchsvoll. Sonnige Standorte nur bei ausreichender Bodenfeuchte möglich, aber problematisch wegen Frosttrocknisgefahr im Winter.

**Pflege:** Unansehnliche Horste werden im Frühjahr ausgeputzt oder auch komplett zurückgeschnitten, sie treiben willig wieder aus. Verbreitet sich durch Selbstaussaat, nicht erwünschte Sämlinge entfernen.

**Verwendung:** Einzeln oder gruppenweise, im Unterwuchs von Gehölzen, naturnahe Pflanzungen, Schattenpflanzungen. Guter Nachbar für Schaublatt *(Rodgersia)*, Funkien *(Hosta)*, Geißbart *(Aruncus dioicus)* und Farne.

## Breitblatt-Segge

*Carex plantaginea*

✿ 5–6 | ◐–● | [Blatt] 20 | [Blüte] 30

Attraktive Blattschmuckstaude

**Wuchs:** Flache breite Horste, durch kurze Ausläufer mit der Zeit teppichartig.

**Blatt:** Dunkelgrün, breit lineal, vielnervig, wintergrün.

**Blüte:** Schmale, hellgelbe Blütenähren.

**Standort:** Humos-lehmige, mäßig trockene bis frische Böden, halbschattig bis schattig. Bei sonnigem Stand können Probleme mit Frosttrocknis auftreten. Nässeempfindlich.

**Pflege:** Rückschnitt im Frühjahr.

Die attraktiven breiten Blätter von *Carex plantaginea* liegen dem Boden dicht auf und bilden geschlossene Matten.

**Verwendung:** Hübsches Blattschmuckgras für Halbschatten- und Schattenpflanzungen. In Gruppen als Kontrast zu Lungenkräutern *(Pulmonaria)*, Funkien *(Hosta)*, Schaumblüte *(Tiarella)*, Elfenblumen *(Epimedium)* und Farnen.

**Ähnliche Art:**

- *C. siderosticha* 'Variegata', Weißbunte Breitblatt-Segge, ähnlich, aber auffällig weiß gestreift und sommergrün, 20/30 cm. Ansprüche wie *C. plantaginea.*

## Zyperngras-Segge, Tränen-Segge

*Carex pseudocyperus*

✿ 6–9 | ☼ – ◐ | 40 | 80

Wüchsiges Gras für den Wassergarten

**Wuchs:** Locker horstig bis rasenartig.

**Blatt:** Dunkelgrün, breit lanzettlich, scharfkantig, locker überfallend.

**Blüte:** Dreikantige Blütenhalme mit übergeneigten Fruchtständen, an langen Stielen pendeln walzenförmige, grüne Blütenähren, später strohgelb gefärbt. Auch als Trockenschmuck geeignet.

**Standort:** Feuchte, zeitweilig überschwemmte, bevorzugt nährstoffreiche und kalkhaltige Böden in warmen Lagen, sonnig bis halbschattig.

**Pflege:** Die Art versamt sich und wuchert etwas, deshalb ist eine Gefäßpflanzung bei geringem Platzangebot vorzuziehen.

**Verwendung:** Sumpfbeete, flache Wassergärten mit einem Wasserstand von 10–30 cm, Wasser- und Teichrand.

*Carex pseudocyperus*, das Scheinzypergras, breitet sich an zusagenden Standorten im Wassergarten kräftig aus.

## Winkel-Segge

*Carex remota*

✿ 5–7 | ◐–● | 40 | 45

Heimisches Gras mit großer Schmuckwirkung

**Wuchs:** Schopfartige Blatthorste.

**Blatt:** Frischgrün, sehr schmalblättrig, bogig überhängend.

**Blüte:** Kleine Ährchen, vor allem am Ende der übergeneigten Blütenhalme.

**Standort:** Frische bis feuchte, auch nasse, nährstoffreiche, humose Lehmböden, halbschattig bis schattig.

**Pflege:** Nach der Blüte die Horste schopfartig zusammenfassen und die Fruchtstände einkürzen, um Versamung vorzubeugen.

**Verwendung:** Die zierlichen Blattschopfe setzen spannungsvolle Kontraste zwischen niedrigen Halbschatten- und Schattenstauden. Bewährte Begleiter sind Bergenien *(Bergenia)*, Stinkende Nieswurz *(Helleborus foetidus)* und Mandelblättrige Wolfsmilch *(Euphorbia amygdaloides* 'Purpurea').

**Verwandte Art/Sorte:**

- *C. caryophyllea* 'The Beatles', Schopf-Segge, dichte, breit fallende Blattschöpfe, dunkelgrün, sehr schmal- und langblättrig, 3–4, 20/35 cm. Wuchskräftig und anpassungsfähig. Ansprüche und Verwendung wie *C. remota.*
- *Carex umbrosa,* Schatten-Segge, heimische Art, Blätter schmal lineal, 3–4, 30/40 cm, im Unterwuchs von Bäumen, lichte Gehölzpartien, Gehölzränder. Ansprüche wie *Carex remota.*

## Wald-Segge

*Carex sylvatica*

✿ 5–6 | ◐–● | 40 | 70

Heimisches Schattengras

**Wuchs:** Lockere Horste.

**Blatt:** Glänzend dunkelgrün, breit lineal, überhängend, immergrün.

**Blüte:** Nickende Ähren auf leicht gebogenen Blütenstielen.

**Standort:** Humos-lehmige, frische bis feuchte, nährstoffreiche Böden, halbschattig bis schattig.

**Pflege:** Versamt sich, ohne dabei lästig zu werden. Wintergeschädigte Horste im Frühjahr ausputzen oder bei starker Schädigung auch ganz zurückschneiden. Die Horste regenerieren sehr schnell.

**Verwendung:** Lichte Gehölzpartien, Gehölzränder, in Kombination mit Schattenstauden und Farnen, Gehölzunterpflanzung.

## Plattährengras

*Chasmanthium latifolium*
(Syn.: *Uniola latifolia*)

✿ 8–10 | ◐–● | 40 | 70

Schmuckgras mit auffälligem Fruchtschmuck

**Wuchs:** Locker horstig, aufrecht.

**Blatt:** Frischgrüne Blätter, breit linealisch, Blütenhalme reich beblättert, spät austreibend, prachtvolle goldgelbe Herbstfärbung.

Ab August tragen die Blütenhalme von *Chasmanthium latifolium*, dem Plattährengras, Blütenrispen mit auffälligen, wie platt gedrückten Ährchen.

**Blüte:** Endständige, lockere Blütenrispen, die mit flachen (wie platt gedrückt wirkenden), grünlichen Ähren besetzt sind, nach der Blüte gelbbraun gefärbt.
**Standort:** Frische bis feuchte, nährstoffreiche Böden, optimal sind Lehmböden. Sonnig, Wärme liebend.
**Pflege:** Rückschnitt erst im Frühjahr.
**Verwendung:** Am Teich, auf feuchten Rabatten, Gehölzrand. Einzeln oder in kleinen Gruppen. Auch als Trockenschmuck.

## Pampasgras

*Cortaderia selloana*

✿ 9–10 | ☼ | 80 | 250

Imposantes Solitärgras
**Wuchs:** Schopfartige Blatthorste, die von den Blütenständen weit überragt werden.
**Blatt:** Graugrün, schmal linealisch, elegant übergeneigt. Wintergrün, sehr scharfkantig, später Austrieb im Mai.
**Blüte:** Silbrig weiße, fedrige Blütenrispen auf hohen Halmen.
**Standort:** Frische, durchlässige und nährstoffreiche Böden in sonnig warmer Lage.
**Pflege:** Pflanzung ausschließlich im späten Frühjahr. Pampasgras braucht im Sommer viel Feuchtigkeit, im Winter dagegen einen möglichst trockenen Stand, empfindlich gegen Winternässe. Ein Winterschutz ist ratsam. Im Spätherbst die Blatthorste schopfartig zusammenbinden und mit Laub und Reisig einpacken. Rückschnitt erst im Frühjahr.

### Mein Rat

*Cortaderia* ist zweihäusig, im Handel überwiegen die weiblichen Sorten, die schmuckvollere Blüten aufweisen.

*Cortaderia selloana* 'Sunningdale Silver', eine besonders prachtvolle und reichblühende Pampasgras-Sorte.

Bei *Deschampsia cespitosa* 'Tauträger' werden die Blattschöpfe von den üppigen Blütenrispen überragt.

**Verwendung:** Solitärgras für Rabatten, auch vor Hauswänden.

**Bewährte Sorten:**

- 'Sunningdale Silver', 80/250 cm, silbrig glänzende, lockere Blütenrispen. Stattlichste, aber auch eleganteste Sorte.
- 'Pumila', 50/120 cm, kompakte, silbrigweiße Blütenrispen.

## Rasen-Schmiele

*Deschampsia cespitosa*

✿ 6–8 ◐–● 30 100

Heimisches Gras für den Gehölzrand

**Wuchs:** Horstartig, attraktive halbkugelförmige Blattschöpfe.

**Blatt:** Dunkelgrün, schmal lineal, früher Austrieb, raublättrig.
**Blüte:** Große, duftige Blütenschleier auf hohen Halmen, goldgelbe Herbstfärbung.
**Standort:** Alle frischen bis feuchten, humoslehmigen Böden, licht- bis halbschattig, schattig, bei ausreichender Bodenfeuchte auch sonnig. Insgesamt anspruchslos.
**Pflege:** Rückschnitt erst im Frühjahr. Die Art versamt sich stark, daher sind die Sorten für die Gartenverwendung besser geeignet.
**Verwendung:** Naturgarten, Gehölzrand, wiesenartige Pflanzungen, vor dunklen Gehölzen.
**Bewährte Sorten:**

- 'Goldgehänge', goldgelbe, überhängende Blütenrispen, 50/100 cm.
- 'Goldschleier', aufrechte, silbriggrüne Blütenstände, die sich später goldgelb verfärben, 40/90 cm.
- 'Tauträger', zierliche Blütenrispen, späte Blüte ab August, 40/90 cm.

## Breitblättriges Wollgras

*Eriophorum latifolium*

4–6 | 40 | 60

Horstiges Sumpfgras mit einem auffälligen Fruchtschmuck
**Wuchs:** Horstig, ausdauernd.
**Blatt:** Frischgrün, flach, lanzettlich.
**Blüte:** Blüte unscheinbar, seidig weiße, wollige Fruchtstände, büschelartig angeordnet.
**Standort:** Feuchte, nasse, bis 5 cm überstaute, nährstoffarme, moorige Böden, sonnig.
**Pflege:** Pflegeleicht.
**Verwendung:** Sumpf- oder Moorbeet, feuchte Uferzonen des Gartenteichs, flache Teichbereiche.
**Ähnliche Art:**

- *E. angustifolium,* Schmalblättriges Wollgras, wuchert mit Ausläufern, schmallaubig, blühfaul, nur für größere Wasserbereiche, 30/40 cm.
- *Eriophorum vaginatum,* Scheiden-Wollgras, dichte, polster- bis rasenartige Horste, watteartige Fruchtstände über den Blatthorsten, 30/50 cm.

## Regenbogen-Schwingel

*Festuca amethystina*

6–7 | 30 | 50

Horstgras mit Regenbogenfärbung
**Wuchs:** Flache Horste bildend.
**Blatt:** Blaugrün, fast nadelförmig, sehr feinblättrig, etwas überhängend, wintergrün.
**Blüte:** Lockere, bogig überhängende Blütenähren. Im Laufe des Sommers verfärben sich die Blätter und Blütenhalme vielfarbig, sie zeigen kupfrige bis violette Tönungen, die einer Regenbogenfärbung ähneln.
**Standort:** Durchlässige, trockene, mäßig trockene bis frische Böden, sonnig warm.
**Pflege:** Rückschnitt erfolgt erst im Frühjahr. Unansehnlich werdende Blüten vorzeitig ausschneiden.
**Verwendung:** Naturnahe Pflanzungen, Kiesbeete, steppenhafte Beete.

## Blau-Schwingel

*Festuca glauca* (Syn.: *F. ovina* var. *glauca*)

✿ 6–7 | ☼ | 30 | 40

Sortenreiches Zwerggras

**Wuchs:** Halbkugelförmige Polster, igelartig abstehendes Laub.

**Blatt:** Graublau, fein borstig, schmal lineal.

**Blüte:** Lockere, blaugrüne Rispen, die nach der Blüte schnell vergilben.

**Standort:** Durchlässige, nährstoff- und humusarme Böden, vollsonnige warme Gartenplätze. Hitze- und trockenheitsverträglich. Nährstoffreiche und feuchte Böden sowie Beschattung haben Vergrünung und Kurzlebigkeit zur Folge. Auf trockenen mageren Standorten ist die Blaufärbung der Sorten am intensivsten.

*Festuca glauca* 'Azurit' ist eine tief silbrigblau ausgefärbte Sorte des Blau-Schwingels.

**Pflege:** Nach der Blüte verunzieren die vergilbten Blüten den Gesamteindruck, durch Ausrupfen der Blüten gewinnen die Horste ihre Schönheit zurück.

Bei Pflanzung mehrerer Sorten Fruchtstände vor der Samenreife entfernen, da sonst unkontrollierte Versamung; vor Winternässe durch geeignete Standortwahl schützen.

**Verwendung:** Einzeln oder in kleinen Gruppen verwenden, Steppenpflanzungen, Kiesbeete, Steingarten, Trogbepflanzungen. Gute Partner sind die Karpaten-Glockenblume *(Campanula carpatica)*, das Silber-Hornkraut *(Cerastium tomentosum)*, die Pfingst-Nelke *(Dianthus gratianopolitanus)* oder Kriechendes Schleierkraut *(Gypsophila repens)*.

**Bewährte Sorten:**

Besonders auffällige Blautöne zeigen die Sorten:

- 'Aprilgrün', tief blaugrün, später blau bereift, 25/70.
- 'Azurit', silbrigblau, 20/40 cm.
- 'Blaufink', blausilbrig, 25/60 cm.
- 'Blaufuchs', stahlblau, bis zum Herbst intensiv gefärbt, 15/25 cm.
- 'Elijah Blue', stahlblau, 30/50.
- 'Frühlingsblau', graublau, 25/40 cm.
- 'Harz', dunkelgrün, grau bereift, 25.
- 'Meerblau', stahlblau, 25/60 cm.
- 'Seeigel', meergrün, 30/70.
- 'Solling', bläulich graugrün, 25/60.

# Bärenfell-Schwingel

*Festuca gautieri* (Syn.: *F. scoparia)*

✿ 6–7 | ☼ – ◐ | 15 | 25

Polsterförmiges Zwerggras

**Wuchs:** Halbkugelige Horste, mit der Zeit dichte Rasenpolster bildend.

**Blatt:** Frischgrün, feinblättrig, nadelförmig, starr, etwas stechend, wintergrün.

**Blüte:** Gelblich grüne Blütenrispen, die wie ein Schleier über dem Horst liegen.

**Standort:** Durchlässige, nährstoffarme, mäßig trockene bis frische Böden, absonnig bis halbschattig. Nur auf mageren Böden dauerhaft. Besonnung im Winter vermeiden.

**Pflege:** Platzbedarf nicht unterschätzen, zusammenwachsende Polster vergreisen früh.

**Verwendung:** Nicht flächig als Bodendecker verwenden, sondern einzeln oder in kleinen Gruppen. Steppenheide, Heidegarten.

**Bewährte Sorte:**

- 'Pic Carlit', zierlicher und kompakter als die Art, frischgrün, 10/15 cm.

Der Bärenfell-Schwingel, *Festuca gautieri*, bildet kleine, halbkugelige Horste, die frischgrün gefärbt und wintergrün sind.

# Atlas-Schwingel

*Festuca mairei*

✿ 6–7 | ☼ | 50 | 150

Gräserschopf mit schönem Linienspiel

**Wuchs:** Dichte Horste.

**Blatt:** Graugrün, schmal lineal, scharfkantig, bogig überhängend.

Die allseits abstehenden Blätter und Blütenstände bilden bei *Festuca mairei* formschöne Horste.

## Mein Rat

Gartenwert hat nur die Sorte 'Variegata'. Die Art selbst wird wegen ihrer Wuchereigenschaften nur für ingenieurbiologische Maßnahmen, Rekultivierungen sowie Uferbefestigungen genutzt. Die weißbunte Sorte ist trotz der Panaschierung sehr wuchskräftig und bildet mit ihren weit kriechenden Ausläufern dichte Bestände. Die Blüten sind im Vergleich zu den Blättern eher unscheinbar, sodass die attraktive Blattschmuckwirkung bei der Verwendung im Vordergrund steht. Die Blätter liefern auch ein beliebtes Schnittgrün für die Floristik.

*Glyceria maxima* 'Variegata', der Bunte Wasserschwaden, ist ein dekoratives Gras für den Wassergarten.

**Blüte:** Schlanke Blütenrispen, elegant geschwungen, frühe Blüte, bereits im Sommer trocken und vergilbt.
**Standort:** Durchlässige, sandig-lehmige Böden, mäßig trocken bis frisch, vollsonnige Lagen.
**Pflege:** Rückschnitt erst im Frühjahr, schöner Herbst- und Winterschmuck.
**Verwendung:** Solitärgras, einzeln oder in kleinen Gruppen, steppenhafte Pflanzungen, naturnahe Gärten, Südböschungen.

## Bunter Wasserschwaden

*Glyceria maxima* 'Variegata'

✿ 7–8 | ☼ | 60 | 80

Wüchsiges weißbuntes Gras
**Wuchs:** Wuchert, starke Ausbreitung durch Rhizome.
**Blatt:** Blattränder grün, Blattmitte gelbweiß und grün gestreift, Austrieb rötlich und weiß getönt.
**Blüte:** Aufrechte Blütenhalme, stark verzweigte Blütenrispen.
**Standort:** Frische bis feuchte Gartenböden, aber auch am Wasserrand, Sumpfzonen bis zu 15 cm Wasserstand. Sonnig.
**Pflege:** Ausbreitungsdrang beobachten und in Zaum halten. Nur für größere Teichanlagen geeignet, in kleineren Becken Gefäßpflanzung bevorzugen.
**Verwendung:** Vielseitig verwendbar, da im normalen Gartenboden ebenso wuchskräftig wie im seichten Wasser.

# Gelbbuntes Japangras

*Hakonechloa macra* 'Aureola'

✿ 8–10 | ◐ | 40 | 45

Auffälliges gelbbuntes Schmuckgras
**Wuchs:** Schopfartige Horste, die sich durch kurze Ausläufer langsam ausbreiten.
**Blatt:** Leuchtend gelbgrün gestreift, linealisch, elegant übergeneigt, rötlich getönt bei Austrieb und Herbstfärbung.
**Blüte:** Goldgelb, lockere Blütenrispen, kaum über dem Laub stehend.
**Standort:** Frische bis feuchte, durchlässige, humose und nährstoffreiche Böden, licht- bis halbschattig, in kühlen Klimaten auch sonnig. Vergrünt mit zunehmender Beschattung.
**Pflege:** In rauen Lagen ist ein Winterschutz erforderlich. Rückschnitt erst im Frühjahr.
**Verwendung:** Gehölzunterpflanzung, zeigt in Kombination mit Purpurglöckchen *(Heuchera)*, Bergenien *(Bergenia)*, und Frauenmantel *(Alchemilla mollis)* attraktive Farb- und Blattkontraste. Auch für Kübel- und Trogbepflanzungen.

'Aureola' ist eine schmuckvolle Sorte von *Hakonechloa macra*, die elegante Horste bildet.

# Blaustrahlhafer

*Helictotrichon sempervirens*

✿ 7–8 | ☼ | 50 | 120

Größtes blau gefärbtes Ziergras
**Wuchs:** Vielstrahlige Horste.
**Blatt:** Bläulich grau, schmalblättrig, wintergrün, früher Austrieb.

*Helictotrichon sempervirens* 'Saphirsprudel' bildet vielstrahlige Horste, die ab Juni von lockeren Blütenrispen überragt werden.

Die locker aufgebauten Ähren von *Hystrix patula*, dem Flaschenbürstengras, erinnern mit ihren langen, abgespreizten Grannen an Flaschenbürsten.

**Blüte:** Gelblich braune, lockere Rispen auf hohen Halmen.
**Standort:** Mäßig trockene bis trockene, durchlässige und nährstoffarme Böden in voller Sonne. Hitzeverträglich.
**Pflege:** Rückschnitt erst im Frühjahr. Auf durchlässigen, nährstoffarmen Böden sehr langlebig. Beschattung und übermäßige Nährstoffversorgung fördern das Vergrünen der Horste, außerdem Rostbefall und Fäulnis. Die trockenen Blütenhalme können bereits im Sommer entfernt werden, wenn sie unansehnlich werden. Komplettrückschnitt erst im Frühjahr.
**Verwendung:** Auf trockenen Gartenplätzen und Rabatten, zusammen mit anderen blau- und silberlaubigen Stauden wie Katzenminze *(Nepeta)*, Bart-Iris *(Iris*-Germanica-Gruppe), Lavendel *(Lavandula)* oder Eselsohr *(Stachys byzantina)*.
**Bewährte Sorte:**

- 'Saphirsprudel', blaugrün, weniger für Rost (Pilzkrankheit) anfällig als die Art, 50/120 cm.

## Flaschenbürstengras

*Hystrix patula*

✿ 6–8 | ☼ | 50 | 90

Steppengras mit auffälligem Fruchtschmuck
**Wuchs:** Lockere Horste, straff aufrecht, schwachwüchsig.
**Blatt:** Frischgrün, aufrechte Halme mit schilfartig überhängenden Blättern, rotbraune Herbstfärbung.
**Blüte:** Weißlich grün, lockere Ähren mit steif abstehenden Grannen, ähnlich geformt wie Flaschenbürsten, später bräunlich gefärbt.
**Standort:** Mäßig trockene bis frische, sandig-humose und sandig-lehmige Böden, bevorzugt sonnig bis absonnig. Empfindlich gegen Winternässe.
**Pflege:** Die Art ist meist nur kurzlebig, erhält sich aber an zusagenden Standorten durch Selbstaussaat.
**Verwendung:** Heide- oder Steppengarten, wiesenhafte Pflanzungen, auch als Trockenblume interessant.

# Japanisches Blutgras

*Imperata cylindrica 'Red Baron'*

✿ – | ☼ | 30 | –

*Imperata cylindrica* 'Red Baron' begeistert mit seiner leuchtend roten Blattfarbe als Farbakzent auf Staudenrabatten oder auch in Kübelbepflanzungen.

Zwerggras mit intensiver Rotfärbung

**Wuchs:** Locker horstig, breitet sich durch kurze Ausläufer langsam aus.

**Blatt:** Frischgrün, schmal lineal, straff aufrecht, verfärbt sich im Laufe des Sommers leuchtend rot.

**Blüte:** Kommt in Europa nicht zur Blüte.

**Standort:** Frische und nährstoffreiche Gartenböden, sonnig, Wärme liebend. Auch lichtschattige Standorte möglich, allerdings ist die Rotfärbung dann weniger ausgeprägt.

**Pflege:** Winterschutz erforderlich, sinnvoll und empfehlenswert ist eine Abdeckung mit trockenem Laub und Reisig.

**Verwendung:** Als roter Farbakzent in Staudenrabatten. Sonniger, nicht zu trockener Gehölzrand. Wirkungsvoll auch als Kübelpflanze.

# Spiral-Binse

*Juncus effusus 'Spiralis'*

✿ 6–8 | ☼ – ◐ | 40 | 60

Charakteristisch für *Juncus effusus* 'Spiralis' sind die korkenzieherartig verdrehten Halme.

Binse mit korkenzieherartigen Halmen

**Wuchs:** Horstig, kompakt buschig.

**Halm:** Glänzend gelblich grüne Stängel, spiralig gedreht.

**Blüte:** Braune, hängende Einzelblüten, büschelig angeordnet.

**Standort:** Feuchte bis nasse, nährstoffreiche und kalkarme Böden, verträgt auch flachen Wasserstand von 5–10 cm Wasserstand, sonnig bis halbschattig.
**Pflege:** Pflegeleicht.
**Verwendung:** Sumpfbeet, Teichrand, Seichtwasserbereiche.
**Weitere Arten:**
- *J. ensifolius,* Zwerg-Binse, rasenartiger Wuchs, 20/30 cm.
- *J. inflexus,* Blaugrüne Binse, bildet dichte blaugrüne Polster, 50/60 cm.

## Blaue Kammschmiele, Schillergras
*Koeleria glauca*

✿ 6–7 | ☼ | 15 | 25

Igelartiges Horstgras für magere Standorte
**Wuchs:** Buschige Horste.
**Blatt:** Blaugrün, schmal lineal, Halme am Grund zwiebelartig verdickt. Blätter vertrocknen häufig nach der Blüte, treiben aber nach kurzer Regenerationszeit willig wieder aus.
**Blüte:** Braungrüne dichte Ähren, überreich blühend, aber nicht jedes Jahr.
**Standort:** Durchlässige und trockene, nährstoffarme, sandige, auch kalkhaltige Böden, sonnig. Auf zu nährstoffreichen Böden erschöpft sich das Gras durch überreichen Blütenansatz und ist dort nur kurzlebig.
**Pflege:** Rückschnitt erst im Frühjahr.
**Verwendung:** Felssteppen, Steppenheide und Kiesgarten.

*Luzula nivea*, **die Schnee-Marbel, beeindruckt mit ihren weiß schimmernden Blüten, die über Wochen hinweg blühen.**

## Schnee-Marbel
*Luzula nivea*

✿ 6–7 | ◐–● | 20 | 40

Wintergrünes Gras für den Schattengarten
**Wuchs:** Lockere Horste, die sich rasenartig entwickeln.
**Blatt:** Dunkelgrün, schmal lineal, Blattrand dicht bewimpert, übergeneigt, wintergrün.
**Blüte:** Weiße, büschelig angeordnete Blüten auf hohen Halmen.
**Standort:** Frische, humose Lehmböden, licht- bis halbschattig.
**Pflege:** Rückschnitt erst im Frühjahr. Ausbreitung beobachten, bei Bedarf verkleinern.
**Verwendung:** Wurzeldruck- und schattendruckverträglich. Schattiger Naturgarten. Gehölzrand, vor und unter Gehölzen, Schattenpflanzungen.

## Wald-Marbel, Wald-Hainsimse

*Luzula sylvatica*

✿ 4–5 | ◐–● | 30 | 80

Robustes Gras für den Gehölzbereich

**Wuchs:** Locker horstig, bildet durch kurze Ausläufer rasenartige Teppiche.

**Blatt:** Glänzend dunkelgrün, Blattrand bewimpert, winter- bis immergrün, früher Austrieb.

**Blüte:** Braune Blütenähren, reich verzweigt.

**Standort:** Frische bis feuchte, humusreiche Böden, lichtschattig bis schattig. In kühlen luftfeuchten Lagen und bei Schutz vor Wintersonne zuverlässig winter- bis immergrün.

**Pflege:** Wenn das Laub über Winter geschädigt wurde, im zeitigen Frühjahr zurückschneiden. Die Ausbreitung beobachten und bei Bedarf verkleinern.

**Verwendung:** Verträgt Wurzel- und Schattendruck. Gehölzrand, Unterpflanzung von Gehölzen, kleinflächig und mosaikartig einsetzen, in Kombination mit konkurrenzstarken Schattenstauden und Farnen.

**Bewährte Sorten:**

- 'Hohe Tatra', kräftiger und höher als die Art, frischgrün, aufrechte Rosetten, 40/90 cm.
- 'Marginata', Silberrand-Marbel, Blätter deutlich silbrig gerandet, 20/40 cm.
- 'Tauernpass', frischgrün, niedriger als die Art, bildet flache, große Blattrosetten, 20/40 cm.
- 'Wintergold', intensiv goldgelb gefärbt, 20/40 cm.

**Die wintergrüne Wald-Marbel, *Luzula sylvatica*, bildet sich mit kurzen Ausläufern mattenförmig und flächig aus.**

## Wimpern-Perlgras

*Melica ciliata*

✿ 5–6 | ☼ | 30 | 60

Ein Perlgras für sonnig trockene Standorte

**Wuchs:** Locker horstig.

**Blatt:** Graugrün, schmal lanzettlich, meist gerollt, starr aufrecht.

**Blüte:** Silbrigweiße, dichte walzenförmige Ährenrispen, die sich nach der Blüte fahlgelb verfärben, lange Wirkung.

**Standort:** Durchlässige, trockene und kalkhaltige Böden, kiesig-steinig, sonnig warm. Auf zu feuchten Standorten standschwach.
**Pflege:** Bedrängende Nachbarn unbedingt auf Abstand halten.
**Verwendung:** Heidegarten, Felssteppe, Steinanlagen, naturhafte Pflanzungen, Troggärten.

Während der Blüte werden die Horste von *Melica ciliata* von schmuckvollen Blütenständen weit überragt.

## Gold-Waldhirse

*Milium effusum* 'Aureum'

✿ 5–6 | ◐–● | 30 | 80

Heimisches Gras schattiger Laubwälder
**Wuchs:** Locker horstig, Ausläufer bildend.
**Blatt:** Goldgelb, besonders intensiv während des Austriebs, linealisch, übergeneigt.
**Blüte:** Goldgelb, lockere Rispen, an der Spitze überhängend. Wegen der lockeren Blütenstände auch Flattergras genannt.
**Standort:** Frische bis feuchte, nährstoffreiche, locker humose Lehmböden, schattig.
**Pflege:** Versamt sich. Sämlinge entfernen, da weniger farbintensiv.
**Verwendung:** Als sonniger Lichtfleck im Schatten sehr effektvoll. Wertvolle Blatt- und Farbkontraste entstehen mit rotlaubigen Purpurglöckchen *(Heuchera)*, Stinkender Nieswurz *(Helleborus foetidus)*, Bergenien *(Bergenia)* und Farnen. Wurzel- und Schattendruck vertragend, daher gut für Gehölzunterpflanzung.

## Riesen-Chinaschilf

*Miscanthus × giganteus*
(Syn.: *M. floridulus, M. japonicus*)

✿ 10 | ☼ | 300–400 | –

Schilfartiges Solitärgras
**Wuchs:** Durch kurze Ausläufer mit der Zeit breit ausladende Horste bildend, straff aufrecht, schilfartig.

Das staatliche Riesen-Chinaschilf, *Miscanthus* × *giganteus*, präsentiert sich am besten als eindrucksvolles Solitärgras.

**Blatt:** Bläulichgrün, an straff aufrechten Stängeln bogig überhängend, spät austreibend, prächtige ockergelbe Herbstfärbung.
**Blüte:** Silbergraue, fedrige Rispen, blüht nur nach langen und warmen Sommern und bei ausreichender Feuchtigkeit.
**Standort:** Alle frischen bis feuchten, nährstoffreichen Gartenböden, sonnig warme Plätze.
**Pflege:** Rückschnitt erst im Frühjahr, da auch über den Winter noch zierend. Regelmäßig düngen.
**Verwendung:** Solitärgras, geeignet als Hintergrund von Pflanzungen. Als Heckenpflanzung und Raumteiler ungeeignet, da Chinaschilf spät austreibend und erst im Sommer die volle Höhe erreicht wird.

## Chinaschilf

*Miscanthus sinensis*

✿ 8–10 | ☼ | 80–250 | 100–300

Schmuckvolles Gras mit zahlreichen Sorten
**Wuchs:** Horstartig, durch kurze Ausläufer mit der Zeit breite Horste bildend, straff aufrecht, schilfartiger Wuchs.
**Blatt:** Dunkelgrün, meist mit silbernem Mittelstreifen, breit lineal, bogig überhängend, viele Sorten zeigen eine besonders prachtvolle Herbstfärbung.
**Blüte:** Federartige, je nach Sorte und Reifegrad silbrige, weißliche oder braunrote Blütenrispen. Einige Sorten kommen nur selten oder gar nicht zur Blüte, sie bereichern das Sortiment als wertvolle Blattschmuckstauden.

### Mein Rat

Die Sorten von *Miscanthus sinensis* (Chinaschilf) bilden das sortenreichste Sortiment innerhalb der Gräser. Zu begründen ist diese Sortenvielfalt mit den unterschiedlichen Züchtungszielen, die verfolgt wurden. Selektiert wurde auf sicheren und schmuckvollen Blütenschmuck, auf Wuchshöhe, Blattschmuck und eine ansprechende Herbstfärbung.

Das *Miscanthus sinensis*-Sortiment bietet eine überreiche Vielfalt an Sorten, die große Unterschiede in der Wuchshöhe, dem Blatt- und Blütenschmuck sowie in der Herbstfärbung aufweisen.

**Standort:** Alle frischen bis feuchten, nährstoffreichen Gartenböden in sonnig, warmer Lage. Insgesamt wenig anspruchsvoll.
**Pflege:** Rückschnitt erst im Frühjahr wegen der dekorativen Wirkung im Winter. Vor allem in Süddeutschland treten Sämlinge auf, die unbedingt entfernt werden sollten, um die meist wertvolleren Sorten zu erhalten.
**Verwendung:** Als Solitär, Leitstaude auf Rabatten, am Wasserrand. Auch als nachwachsender Rohstoff im Einsatz. Alle, auch die hohen Sorten sind als Sichtschutz ungeeignet, da sie spät austreiben und erst im Sommer ihre Endhöhe erreichen.
**Bewährte Sorten:**

- 'Gracillimus', sehr schmalblättrig, nicht blühend, schmuckvoller Blattschmuck, 150–180 cm.
- 'Graciella', ähnlich 'Gracillimus', im Gegensatz zu dieser aber früh und sicher blühend, silberrosa, 130/150 cm.
- 'Kleine Fontäne', früh blühend, silbrigbraune Blüten, 90/160 cm.
- 'Kleine Silberspinne', früh blühend, sehr feinlaubig mit breitem Silberstreifen, 80/140 cm.
- 'Malepartus', silbrigrote Blüten, flammend rotbraune Herbstfärbung, 170/200 cm.
- 'Nippon', bronzefarben getöntes Laub, kupfrige Herbstfärbung, 90/150 cm.
- 'Silberfeder', sichere Blüte, silbrigweiß, goldgelbe Herbstfärbung, 200/240 cm.
- 'Silberspinne', sehr feinlaubig, reichblütig, 130/200 cm.
- 'Sirene', rotbraune Blüten, prachtvolle rotbraune Herbstfärbung, 150/250 cm.

- 'Strictus', gelbe Querstreifen, blüht nur selten, straff aufrecht, 180/220 cm.
- 'Variegatus', silbrig gestreifte Blätter, 180/200 cm.
- 'Yakushima Dwarf', zwergige Art, schmalblättrig, rosabraune Blüten, 60/100 cm.
- 'Zebrinus', gelbe Querstreifen, Blätter bogig überhängend, blüht nur selten, 180/220 cm.

## Riesen-Pfeifengras

*Molinia arundinacea*

✿ 8–10 | ☼–◐ | 50–60 | 180–200

Ausdruckvolles Horstgras

**Wuchs:** Horstartige Blattschöpfe, die von den Blütenhalmen weit überragt werden.

**Blatt:** Frischgrün, schmal linealisch, elegant überhängend, später Austrieb, außergewöhnliche goldgelbe Herbstfärbung.

**Blüte:** Lockere Blütenrispen auf blattlosen Halmen, nach der Blüte goldgelb gefärbt.

**Standort:** Sehr anpassungsfähig, frische bis feuchte Böden, sonnig bis halbschattig, Sommer- und Herbsttrockenheit werden vertragen.

**Pflege:** Rückschnitt erfolgt erst im Frühjahr. Bisweilen treten Sämlinge auf, die entfernt werden sollten, da sie weniger wertvoll sind als die Sorten.

**Verwendung:** Gerüstbildner für Rabatten, sonnige Gehölzrandsituationen, naturhafte Pflanzungen, Heidegarten. Gut zu kombinieren mit herbstblühenden Stauden und herbstfärbenden Gehölzen.

**Bewährte Sorten:**

- 'Karl Foerster', hochwüchsige Sorte, 50/200 cm.
- 'Transparent', locker übergeneigte Blütenrispen, sehr grazil, 50/180 cm.
- 'Windspiel', straff aufrecht, standfest, höchste Sorte, 60/240 cm.

**'Windspiel' ist eine straff aufrecht wachsende Sorte von *Molinia arundinacea*, dem Riesen-Pfeifengras.**

## Moor-Pfeifengras

*Molinia caerulea*

✿ 8–9 | ☼–◐ | 30–40 | 50–120

Heimisches Gras mit schmuckvollen Sorten

**Wuchs:** Dichte Blatthorste, die von den steif aufrecht stehenden Blütenhalmen weit überragt werden.

**Blatt:** Bläulichgrün, schmal linealisch, Blattspitzen leicht übergeneigt, im Herbst prachtvolle gelbbraune Herbstfärbung.

**Blüte:** Schmale, bräunliche Rispen auf drahtigen Stielen, nach der Blüte leuchtend gelbbraun gefärbt.

**Standort:** Frische bis feuchte, humusreiche Böden, sonnig bis halbschatttig. Sonnige Standorte möglichst nur bei ausreichender Bodenfeuchte.

**Pflege:** Rückschnitt erst im Frühjahr wegen der imposanten Herbst- und Wintergestalt.

**Verwendung:** In kleineren Gruppen, Heide- und Naturgarten, im lichten Gehölzbereich. Schön vor dunklem Hintergrund.

**Bewährte Sorten:**

- 'Dauerstrahl', strahlenförmige Horste, prachtvolle gelbbraune Herbstfärbung, 40/120 cm.
- 'Moorhexe', schmale, aufrechte Horste, 30/80 cm.
- 'Strahlenquelle', strahlenförmige Horste, gute Herbst- und Winterwirkung, 40/120 cm.
- 'Variegata', gelblichweiß gestreifte Blätter, schöner Austrieb, 30/50 cm.

***Panicum virgatum*** **'Rotstrahlbusch' begeistert mit seiner leuchtend braunroten Herbstfärbung.**

## Ruten-Hirse

*Panicum virgatum*

✿ 8–9 | ☼ | 80 | 100

Faszinierendes Schmuckgras

**Wuchs:** Vielhalmige Horste, aufrecht.

**Blatt:** Frischgrün, schmal linealisch, elegant überhängend, spät austreibend.

**Blüte:** Winzige Ährchen an reich verzweigten, duftigen, hellbraunen Blütenrispen, die die Blatthorste nur wenig überragen.

**Standort:** Alle mäßig trockenen bis feuchten Gartenböden. Sonnig warme Gartenplätze. Auf sehr nährstoffreichen Böden mitunter standschwach.

**Pflege:** Rückschnitt erst im Frühjahr, sehr ausdauernd, pflegeleicht.

**Verwendung:** Sonnige Rabatten. Schön zu kombinieren mit Herbstblühern wie Astern *(Aster novae-angliae, A. novi-belgii, A. dumosus)*, Herbst-Chrysanthemen *(Chrysanthemum)* oder Goldrute *(Solidago)*. Hohe Schnitteignung.

**Bewährte Sorten:**

- 'Heavy Metal', blaugrünes Laub, straff aufrecht, 60/160 cm.
- 'Rehbraun', rotbraune Herbstfärbung, 90/100 cm.
- 'Rotstrahlbusch', leuchtend braunrote Herbstfärbung, 60/80 cm.
- 'Strictum', straffer aufrecht als die Art, standfest, 60/150 cm.

**'Weserbergland' ist eine besonders reichblütige Sorte von *Pennisetum alopecuroides*, dem Australischen Lampenputzergras.**

# Australisches Lampenputzergras

*Pennisetum alopecuroides*

✿ 8–9 | ☼ | 60 | 80

Reichblühendes Gras mit Dauerwirkung

**Wuchs:** Halbkugelförmige Horste.

**Blatt:** Graugrün, schmal lineal, bogig übergeneigt, spät austreibend, attraktive goldgelbe Herbstfärbung.

**Blüte:** Walzenförmige rotbraune Blütenähren, die an Lampenputzer erinnern, in der Regel sehr reich blühend.

**Standort:** Durchlässige, mäßig trockene bis frische Böden, sonnig.

**Pflege:** Rückschnitt erst im Frühjahr. Gute Wasserversorgung im Sommer fördert die Blütenbildung.

**Verwendung:** Einzeln oder in kleineren Gruppen als Gerüstbildner auf Rabatten, besonders gut in Kombination mit herbstfärbenden Stauden und Gehölzen. Hervorragender Vermittler zwischen niedrigen Stauden und Zwergsträuchern.

**Bewährte Sorten:**

- 'Hameln', kompakt, frühere Blüte als Art, 8–9, 30/60 cm.
- 'Herbstzauber', prachtvolle Herbstfärbung, sehr reichblütig, 40/50 cm.
- 'Little Bunny', niedrige Zwergform, 20/30 cm.
- 'Weserbergland', niedrige Sorte, 25/40 cm.

## Weißbuntes Rohr-Glanzgras

*Phalaris arundinacea* 'Picta'

✿ 6–7 | ☼–◐ | 100 | 120

Robustes weißbuntes Ziergras

**Wuchs:** Durch starke Ausläuferbildung wuchernd, bei zusagenden Standorten Dickichte bildend.

**Blatt:** Grün-weiß gesteift, im Austrieb dreifarbig, grün-weiß-zartrosa, schmal schilfartig im Wuchs.

**Blüte:** Längliche, schmale Rispen, graugrün. Zierwert der Blätter ist höher.

**Standort:** Frische, feuchte bis nasse und nährstoffreiche Böden, sonnig bis halbschattig.

**Pflege:** In Trockenperioden wässern. In trockenen Sommern können die Blätter verbräunen, ein Rückschnitt bewirkt, dass das Gras willig wieder austreibt und erneut mit attraktivem Blattwerk ziert. Beobachten und bei Bedarf regelmäßig verkleinern.

**Verwendung:** Vor allem wegen der Blattfärbung verwendet, kontrastvoll in Form und Farbe zu großblättrigen grünlichen oder purpurfarbenen Stauden und Gehölzen.

*Phalaris arundincea* 'Picta', das Bunte Rohr-Glanzgras, ist ein wuchskräftiges Gras, das wegen seiner auffälligen Blattfärbung interessant ist.

## Gewöhnliches Schilf, Schilfrohr

*Phragmites australis*

✿ 7–9 | ☼ | 200–300 | 300–400

Wucherndes Riesengras für den Wassergarten

**Wuchs:** Steif aufrecht, verbreitet sich durch unterirdisch kriechende Rhizome, meist stark wuchernd.

**Blatt:** Blaugrün, breitblättrig, steif vom Halm abstehend. Die Blätter fallen im Herbst ab, die Halme bleiben über Winter stehen.

**Blüte:** Endständige, bräunliche Blütenrispen, 20–40 cm lang.

**Standort:** Nährstoffreiche Sumpf- und Wasserzonen. Sie vertragen Wassertiefen bis zu 1 m. Nicht für Folienteiche geeignet, da die harten Ausläufer die Folie durchwachsen und beschädigen können.

**Pflege:** Ausbreitungsdrang beobachten. Bei Bedarf in Gefäß pflanzen.
**Verwendung:** Nur für große Wasseranlagen empfehlenswert. Guter Uferbefestiger.
**Bewährte Sorte:**

- 'Variegatus', wertvolle schwachwüchsige Sorte, die auch für kleinere Gartenteiche zu empfehlen ist. Leuchtend gelb gestreift, über Sommer etwas vergrünend, blüht allerdings wenig oder gar nicht, 120–150 cm.

## Kleines Präriegras

*Schizachyrium scoparium*
(Syn.: *Andropogon scoparius)*

✿ 8–10 | ☼ | 100 | 120

Schmuckvolles Präriegras
**Wuchs:** Straff aufrechte Horste.
**Blatt:** Bläulichgrün, schmalblättrig, später Austrieb, prachtvolle rötlich braune Herbstfärbung.
**Blüte:** Bräunlich, schmale Rispen, die sich nach der Blüte rötlichbraun verfärben.
**Standort:** Durchlässige, mäßig trockene bis frische, bevorzugt nährstoffreiche Böden, vollsonnig warm.
**Pflege:** Rückschnitt erst im Frühjahr.
**Verwendung:** Als Gerüstbildner in Präriepflanzungen, zusammen mit Spätsommerblühern wie Astern *(Aster novi-belgii, A. novae-angliae, A. dumosus)*, Sonnenhut *(Rudbeckia fulgida* 'Goldsturm'), Goldrute *(Solidago)* oder Purpursonnenhut *(Echinacea purpurea)*.

Die heimische Teich-oder Seesimse ist in freier Natur eine häufige Erscheinung. Die Halme enden in bräunlichen, buschigen Blütenähren.

## Seesimse, Teichsimse

*Schoenoplectus lacustris*
(Syn.: *Scirpus lacustris)*

✿ 6–10 | ☼ | 100–300 | 100–300

Wasserpflanze mit malerischem Habitus
**Wuchs:** Besiedelt mithilfe der langen Ausläufer große Flächen.
**Blatt:** Dunkelgrüne, runde und blattlose Halme, 100–300 cm lang, elegant überhängend, attraktiv.
**Blüte:** Schwarzbraun, endständige Ähren.
**Standort:** Nasser Uferbereich, flache, stehende oder langsam fließende Gewässer mit bis zu 2–3 m Wassertiefe.

**Reizvoll sind der malerische Habitus und das Spiel der langen Halme von *Schoenoplectus lacustris*, der Seesimse.**

**Pflege:** Ausbreitungsdrang beobachten. In kleineren Gartenteichen ist eine Gefäßpflanzung ratsam, um die Ausläufer einzugrenzen.
**Verwendung:** Der malerische Habitus bildet einen Blickfang im Wassergarten, die langen Halme erzeugen schöne Spiegeleffekte auf der Wasseroberfläche. Am Wasserrand, Uferzonen oder im Gartenteich.
**Bewährte Sorte:**

- 'Albescens', Gestreifte Teichsimse, Halme mit weißlichen Längsstreifen, wuchernd, 100–200 cm.

## Blaugras, Herbst-Kopfgras

*Sesleria autumnalis*

✿ 9–10 | ☼–◐ | 30 | 40

Herbstblühendes Gras mit Dauerwirkung
**Wuchs:** Igelartige Horste, kurze Ausläufer bildend.
**Blatt:** Hellgrün, schmal- und raublättrig, aufrecht abstehend.
**Blüte:** Silbrigweiße, sehr zierliche, schmale Blütenähren.
**Standort:** Durchlässige, kalkhaltige, sandig-kiesige Böden, sonnig bis lichtschattig.
**Pflege:** Rückschnitt erst im Frühjahr.
**Verwendung:** Fast ganzjährig dekorativ, Gehölzrand, naturnahe Gartenbereiche, Steppenpflanzungen.

## Goldbartgras, Indianergras

*Sorghastrum nutans*
(Syn.: *S. avenaceum*)

✿ 8–10 | ☼ | 80 | 150

Prachtvolles Hochsommergras
**Wuchs:** Vielhalmige Horste, schmal und straff aufrecht.
**Blatt:** Graugrün, schmalblättrig, intensiv braunrote Herbstfärbung, spät austreibend.
**Blüte:** Dichte, violettbraune Blütenähren mit auffällig goldgelben Staubgefäßen.

**Standort:** Sehr anspruchslos. Mäßig trockene bis frische Gartenböden, sonnig warm.
**Pflege:** Rückschnitt erst im Frühjahr, ansprechender Winteraspekt, sehr ausdauernd.
**Verwendung:** Sonnige Rabatten, steppenhafte Pflanzungen, in Kombination mit Herbstblühern und herbstfärbenden Gehölzen.

Ab August stehen bei *Sorghastrum nutans* dichte, violettbraune Blütenrispen mit auffällig goldgelben Staubgefäßen über dem Blattschopf.

## Goldleisten-Bandgras

*Spartina pectinata* 'Aureomarginata'

✿ 8–9 | ☼–◐ | 130 | 150

Auffälliges Ziergras mit einem eleganten Linienschwung
**Wuchs:** Breitet sich durch kurze Ausläufer aus, wuchert etwas, kann Dickichte bilden.
**Blatt:** Frischgrün mit goldgelben Streifen an den Rändern, bis zu 1 m lange, elegant überhängende Blätter, sehr scharfkantig, leuchtend gelbe Herbstfärbung.
**Blüte:** Strohgelbe kompakte Ähren, wenig schmuckvoll, kurz über dem Laub.
**Standort:** Alle Gartenböden, frisch bis feucht, auch nass, sonnig bis lichtschattig.
**Pflege:** Rückschnitt erst im Frühjahr, sehr wirkungsvoll auch bei Raureif und Schnee. Die volle Schönheit des Grases zeigt sich erst nach 3–4-jähriger Entwicklung. Ausbreitung beobachten, nicht erwünschte Ausläufer lassen sich bei rechtzeitigem Eingreifen leicht entfernen.
**Verwendung:** Wirkungsvolles Gras für feuchte Rabatten, Uferrand, Teich.

*Spartina pectinata* 'Aureomarginata' beeindruckt durch die malerische Wuchsform mit den überhängenden Blättern.

*Spodiopogon sibiricus*, das Zotten-Raugras, begeistert mit sehr attraktivem Blatt- und Blütenschmuck.

## Mein Rat

*Sporobulus heterolepis* 'Wisconsin Strain' ist eine reichblühende Selektion aus der Wildart, die in der nordamerikanischen Prärie beheimatet ist. Ein Neuling im Gräsersortiment, den Sie unbedingt einmal testen sollten.

## Zotten-Raugras

*Spodiopogon sibiricus*

✿ 7–9 | ☼–◐ | 120 | 160

Ausdauerndes Ziergras
**Wuchs:** Dichte Horste mit steif aufrechten Blütenständen, kurze Ausläufer bildend, standfest.
**Blatt:** Frischgrün, kurze schilfartige Blätter, fast waagerecht vom Halm abstehend, prachtvolle rötlichbraune Herbstfärbung.
**Blüte:** Lockere Rispen mit glänzend purpurfarbenen Ährchen.
**Standort:** Sehr anpassungsfähig, keine besonderen Bodenansprüche, mäßig trocken bis feucht, sonnig bis halbschattig.
Beste Entwicklung in warmen, feuchten Sommern.
**Pflege:** Rückschnitt erst im Frühjahr.
**Verwendung:** Rabatten, Gehölzrand, steppenhafte Pflanzungen. Wertvolles Schnittgras.

## Tropfengras

*Sporobolus heterolepis* 'Wisconsin Strain'

✿ 8–10 | ☼ | 30 | 60

Reichblühende Selektion der Art
**Wuchs:** Dichte Horste mit üppigen Blütenschleiern.
**Blatt:** Frischgrün, sehr feinblättrig, bogig überhängend. Attraktive kupfrig rote Herbstfärbung.

**Blüte:** Fein verzweigte Blütenrispen, die deutlich über den Blatthorsten stehen. Reich und zuverlässig blühend.
**Standort:** Mäßig trockene bis frische Böden, sonnig. Wärme liebend und trockenheitsverträglich.
**Pflege:** Rückschnitt erst im Frühjahr.
**Verwendung:** Als Gerüstbildner in Präriepflanzungen, zusammen mit herbstblühenden Astern *(A. novae-angliae, A. novi-belgii, A. dumosus, A. ericoides)*, Sonnenhut *(Rudbeckia fulgida* 'Goldsturm'), Purpursonnenhut *(Echinacea purpurea)* oder Goldruten *(Solidago)*.

## Silberährengras, Kamelhaargras

*Stipa calamagrostis*
(Syn.: *Achnatherum calamagrostis, Agrostis calamagrostis)*

6–9 | ☼ | 40 | 90

Wertvolles Ziergras mit Dauerwirkung
**Wuchs:** Dichte Horste mit bogig übergeneigten Halmen.
**Blatt:** Graugrün, schmal linealisch, locker überhängend.

**Das Silberährengras, *Stipa calamagrostis*, bildet dichte, schopfartige Horste, die von bogig überhängenden Blütenhalmen elegant überspielt werden.**

**Blüte:** Bereits im Juni silbrigweiße, schweifartige Rispen, die sich im Herbst kamelhaarfarben verfärben.
**Standort:** Durchlässige, mäßig trockene bis frische und kalkhaltige Böden, sonnig warme Lagen. Auf schweren Böden oft standschwach und nur kurzlebig.
**Pflege:** Rückschnitt erst im Frühjahr.
**Verwendung:** Gruppenweise in steppenhaften Pflanzungen, im Naturgarten und in sonnigen Terrassenbeeten.
**Bewährte Sorten:**

- 'Lemperg', ähnlich wie die Art, aber insgesamt kompakter, sehr wirkungsvolle Blüten, dunkelrote Herbstfärbung, 50/70 cm.
- 'Allgäu', straff aufrecht mit locker überhängenden Rispen, 70/90 cm.

*Stipa capillata*, das Büschelhaargras, bildet dicht Horste, aus denen silbrige Blütenstände herausragen.

## Büschelhaargras, Haar-Federgras

*Stipa capillata*

✿ 7–9 | ☼ | 40 | 90

Schmuckgras für Trockenbereiche
**Wuchs:** Dicht horstig, weit herausragende Blütenähren.
**Blatt:** Graugrün, schmal eingerollt, steif aufrecht.
**Blüte:** Aufrechte Blütenrispen mit 10–20 cm langen, fadenförmigen Grannen, matt seidig glänzend. Elegant gebogen, schöner Windfang.
**Standort:** Durchlässige, trockene bis mäßig trockene, nährstoffarme und kalkhaltige Böden. Vollsonnig, Wärme liebend. Schwere, nährstoffreiche Böden sind zu meiden, da die Horste faulen und nur kuzlebig sind.
**Pflege:** Erhält sich durch Selbstaussaat, falls notwendig Sämlinge entfernen.
**Verwendung:** Einzeln oder in kleineren Gruppen, steppenhafte Pflanzungen, Naturgarten, Felssteppen, Kiesbeete.

## Riesen-Federgras

*Stipa gigantea*

✿ 6–9 | ☼ | 50 | 200–250

Imposante Gräsergestalt
**Wuchs:** Dichte Blatthorste mit weit darüber herausragenden Blütenrispen.

*Stipa gigantea*, das Riesen-Federgras, ist der größte Vertreter der Federgräser mit gärtnerischer Bedeutung.

**Blatt:** Blaugrün, schmal lineal, wintergrün.
**Blüte:** Bis zu 50 cm lange, lockere Blütenrispen auf straff aufrechten Halmen.
**Standort:** Durchlässige, nährstoffarme und trockene bis mäßig trockene Böden. Vollsonnige und warme Gartenplätze. Auf nährstoffreichen und frischen Böden nur kurzlebig.
**Pflege:** Winterschutz ist empfehlenswert.
**Verwendung:** Steppenhafte Pflanzungen, Schotterbeete, zusammen mit trockenheitsverträglichen Beet- und Freiflächenstauden, silberlaubigen Stauden.

## Reiher-Federgras

*Stipa pulcherrima* (meist als *S. barbata* im Handel)

✿ 7–9 | ☼ | 40 | 120

Federgras mit auffälligem Fruchtschmuck
**Wuchs:** Locker horstig.
**Blatt:** Graugrün, lang- und schmalblättrig, Ränder oft eingerollt.
**Blüte:** Silbrige, federartige Fruchtstände, bis zu 40 cm lange Grannen, elegant übergeneigt, schönes Windspiel.
**Standort:** Mäßig trockene bis trockene Böden, Kalk und Wärme liebend, vollsonnig. Auf frischen und nährstoffreichen Böden äußerst kurzlebig.
**Pflege:** Erhält sich durch Selbstaussaat, falls notwendig Sämlinge ausdünnen. Unansehnlich gewordene Blütenstände entfernen.
**Verwendung:** Kiesbeete, Schottergarten, Naturgarten, Felssteppen.

### Mein Rat

Die Gattung *Stipa* bietet interessante Arten für steppenhafte Pflanzungen. Entscheidend für den Pflanzerfolg ist der Standort. Alle Arten brauchen einen sonnigen Standort und einen durchlässigen, mäßig trockenen, nicht zu nährstoffreichen Boden. Ungeeignete Böden müssen durch Einarbeiten von viel Sand und/oder Kies abgemagert werden.

# Einjährige Gräser

## Großes Zittergras

*Briza maxima*

✿ 6–8 | ☼ | 30–50 | 40

**Wuchs:** Horstig.
**Blatt:** Blaugrün, aufrecht, schmal lineal.
**Blüte:** Blütentriebe mit großen herzförmigen Ähren, die im Wind zittern. Anfangs grünlich, später gelblichweiß gefärbt.

## Kleines Zittergras

*Briza minor*

✿ 7–8 | ☼ | 20–30 | 25

**Wuchs:** Zierliche Horste.
**Blatt:** Blaugrün, schmal lineal.
**Blüte:** Kleine zapfenartige Ährchen, die bei leisester Bewegung zittern. Anfangs grünlich, später gelblichweiß gefärbt.

Das Große Zittergras, *Briza maxima*, schmückt sich mit großen herzförmigen Ährchen, die in der Floristik auch als Trockenschmuck begehrt sind.

## Schöne Kombinationen

| **Schön zu kombinieren sind die einjährigen Gräser mit folgenden Sommerblumen:** | |
|---|---|
| *Antirrhinum majus* | Löwenmäulchen |
| *Calendula officinalis* | Ringelblume |
| *Calllistephus chinensis* | Sommeraster |
| *Cleome spinosa* | Spinnenblume |
| *Cosmos bipinnatus* | Schmuckkörbchen, Kosmee |
| *Rudbeckia hirta* | Sonnenhut |
| *Salvia coccinea* | Scharlach-Salbei |
| *Salvia farinacea* | Mehl-Salbei |
| *Verbena bonariensis* | Schleier-Eisenkraut |
| *Verbena rigida* | Eisenkraut, Verbene |
| *Zinnia elegans* | Zinnie |

# Mähnen-Gerste

*Hordeum jubatum*

✿ 6–8 | ☼ | 40–60 | 50

**Wuchs:** Aufrechte, dichte Horste.
**Blatt:** Frischgrün, schmal linealisch, weich fallend.
**Blüte:** Anmutig überhängende Ähren mit auffallend langen Grannen, die graziös aus dem Laub herausragen. Zuerst grünlichgelb gefärbt, leicht violett getönte Spitzen, bei Reife leuchtend gelb.

***Hordeum jubatum*, die Mähnen-Gerste, begeistert mit ihren filigranen Blütenständen, die sich anmutig im Wind bewegen.**

## Hasenschwanzgras

*Lagurus ovatus*

5–8 | ☼ | 20–40 | 40

**Wuchs:** Dichte Horste. Über den niedrigen Blatthorsten stehen die straff aufrechten, bis zu 40 cm hohen Blütestände.
**Blatt:** Frischgrün, lanzettlich aufrecht.
**Blüte:** Kurze, eiförmige, flauschige Ähren auf dünnen Halmen. Durch ihre Form und die wollig weiße Behaarung sehen die Blütenstände wie kleine Hasenschwänze aus.

Dank seiner Fruchtstände wird *Lagurus ovatus* sehr treffend als Hasenschwanzgras bezeichnet.

## Purpurviolettes Federborstengras

*Pennisetum setaceum*

8–10 | ☼ | 70–100 | 100

**Wuchs:** Dichte Horste mit weit herausragenden Blüten.
**Blatt:** Graugrün, schmal lineal, bogig überhängend.
**Blüte:** Rosa bis purpurviolett. Lange, schlanke Blütenähren, elegant übergeneigt.

## Wolliges Federborstengras

*Pennisetum villosum*

8–10 | ☼ | 30–60 | 80

**Wuchs:** Locker horstig.
**Blatt:** Blaugrün, schmal lineal, bogig überhängend.
**Blüte:** Weißlichgrün, wollig, walzenförmig.

## Wollhaargras, Haarmantelgras

*Rhynchelytrum repens*

7–9 | ☼ | 50–90 | 80

**Wuchs:** Lockere Horste.
**Blatt:** Graugrün, schmal lineal, aufrecht.

*Pennisetum villosum*, das Wollige Federborstengras, blüht überreich bis in den Herbst hinein.

**Blüte:** Bräunlichrosa bis purpurrosa, pyramidenförmig verzweigte Blütenrispen, die fedrig-duftig wirken.

## Flausch-Federgras

*Stipa pennata*

5–6 | 30–40 | 40

**Wuchs:** Horstig. Bei zusagenden Standorten auch ausdauernd.
**Blatt:** Frischgrün, schmal lineal.
**Blüte:** Lange, silbrige Grannen, elegant geschwungen, sehr dekorativ.

## Mein Rat

**Aussaat:** Ab Ende Februar bis März die Saatkisten an einem hellen Platz aufstellen und gut feucht halten.
**Pikieren:** Nach ca. 3–4 Wochen, wenn die ersten Grashalme sichtbar sind, können sie pikiert werden. Am besten gleich 3–5 Stück zusammensetzen, sodass kleine Horste entstehen.
**Topfen:** Nach weiteren 3–4 Wochen sollten die Jungpflänzchen vorsichtig getopft werden.
**Auspflanzen:** Nach den Eisheiligen können die frostempfindlichen Einjährigen im Freiland ausgepflanzt werden. Alle Einjahresgräser lieben Wärme und benötigen einen sonnigen Standort und frischen Boden.

Das Flausch-Federgras fällt durch seine besonders langen, an Federn erinnernde Grannen auf.

# Die schönsten Bambusse

(Übersicht siehe S. 62)

## Immergrüner Schirmbambus

*Fargesia murieliae*
(Syn.: *Sinarundinaria murieliae)*

✿ – | ☼–◐ | 200–300

Horst bildender Bambus
**Wuchs:** Dicht horstig, straff aufrechte Jungtriebe, die sich mit zunehmender Belaubung elegant überneigen, im Alter breit trichterförmig, schirmartig überhängend. Kriechender, dichter Wurzelstock, keine Ausläuferbildung.
**Halm:** Grünlichgelb, fingerstark.

***Fargesia murieliae*, der Immergrüne Schirmbambus, erfreute sich dank der Wuchsform und der Frosthärte hoher Beliebtheit.**

**Blatt:** Hellgrün, lanzettlich, lang zugespitzt, 10 cm lang, 1,5 cm breit.
**Neue Sorten:**

- 'Deep Forest', horstig, aufrecht mit überhängenden Spitzen, 300–400 cm hoch.
- 'Jumbo', dicht horstig, aufrecht, überhängend, schnellwüchsig, 200 cm hoch.
- 'Simba', zierlicher als die Art, schwachwüchsig, 150–200 cm.

**Standort:** Frische bis feuchte, durchlässige und nährstoffreiche Böden. Wärmeverträglich, nässeempfindlich. Insgesamt aber sehr anspruchslos.
**Pflege:** Regelmäßig düngen und in Trockenperioden wässern. Wenn die Horste mit den Jahren zu groß werden, können sie im Frühjahr durch Abstechen verkleinert werden.
**Verwendung:** *Fargesia murieliae* zählt wie auch *F. nitida* zu den frosthärtesten Arten des gesamten Bambussortiments. Malerischer Bambus für Solitärstandorte, auch für kleinere Gärten geeignet, in Wassernähe.

## Dunkelgrüner Schirmbambus

*Fargesia nitida* (Syn.: *Sinarundinaria nitida)*

✿ – | ◐ | 200–300

Horstig wachsender Bambus
**Wuchs:** Dicht horstig, Halme zunächst straff aufrecht, später schirmartig übergeneigt.

*Phyllostachys aureosulcata* ziert mit dekorativen Halmen und ist ausreichend frosthart.

## Mein Rat

Bei *Fargesia murieliae* sind in den letzten Jahren blühende Pflanzen aufgetreten. Blühen ist bei Bambus gleichbedeutend mit Samenbildung und anschließendem Absterben. Mittlerweile wurde aus den Sämlingen eine zweite *Fargesia*-Generation selektiert, die als Sorte im Handel ist. Die dänische Selektion *Fargesia murieliae* 'Deep Forest' ist eine sehr winterharte Sorte, die vom Habitus her der früheren Art *Fargesia murieliae* am nächsten kommt.

**Halm:** Dunkelgrün bis purpurbraun getönt, fingerdick.
**Blatt:** Dunkelgrün, lanzettlich, lang zugespitzt, 6–10 cm lang, 1–1,5 cm breit. Halme und Blätter etwas graziler und feingliedriger als bei *Fargesia murieliae*.
**Standort:** Durchlässige, frische bis feuchte, nährstoffreiche Böden, sonnig bis halbschattig. Verträgt keine Staunässe.
**Pflege:** Benötigt während der Wachstumsphase ausreichend Wasser und Nährstoffe.
**Verwendung:** Sehr winterharte Art, zählt zu den härtesten aller Bambusarten. Empfehlenswerte Alternative zu den derzeit blühenden *Fargesia murieliae*. Solitär, Hecke, auch als Kübelbepflanzung.
**Bewährte Sorte:**

- 'Anceps', Halme leicht überhängend, feinlaubige, zierliche Sorte, frosthart, 200–300 cm.

## Gelbrinniger Bambus

*Phyllostachys aureosulcata*

✿ – ☼–◐ 400–600

Besonders harter Bambus
**Wuchs:** Halme straff aufrecht, im Alter leicht übergeneigt, locker aufgebaut, schnellwüchsig. Bildet Ausläufer, die weit wandern.
**Halm:** Dunkelgrün mit gelber Streifung, oft nur fingerstark. Im unteren Teil zeigen die Halme oft Zickzackform.
**Blatt:** Dunkelgrün, 10 cm lang, 1 cm breit.
**Standort:** Frische bis feuchte, nährstoffreiche, aber gut durchlässige Böden, sonnig bis halbschattig. Anpassungsfähige Art.
**Pflege:** Benötigt während der Vegetationsperiode ausreichend Nährstoffe und Wasser.
**Verwendung:** Wertvolle Bambusart, die in

## Übersicht der Bambus-Arten

| | |
|---|---|
| **Riesen Bambusse (über 5 m)** | |
| *Phyllostachys viridiglaucescens* | Grünblauer Bambus |
| *Phyllostachys vivax* 'Aureocaulis' | Gelber Riesen Bambus |
| **Groß Bambusse (über 3 m)** | |
| *Phyllostachys aureosulcata* | Gelbrinniger Bambus |
| *Phyllostachys bissetii* | Grünhalm Bambus |
| *Phyllostachys nigra* | Schwarzer Bambus |
| **Mittelhohe Bambusse (über 1,50 m)** | |
| *Fargesia murieliae* | Immergrüner Schirmbambus |
| *Fargesia nitida* | Dunkelgrüner Schirmbambus |
| *Phyllostachys humilis* | Bonsai Bambus |
| *Pseudosasa japonica* | Fächerbambus |
| *Sasa palmata f. nebulosa* | Palmblattbambus |
| **Kleinwüchsige Bambusse (unter 1 m)** | |
| *Pleioblastus pumilus* | Zwergbambus |
| *Sasa veitchii* | Silberrandbambus |

Bezug auf die Winterhärte zu den zuverlässigsten *Phyllostachys*-Arten zählt. Auch für ungünstigere Lagen empfehlenswert. Als Solitär in Garten- und Parkanlagen, Hainpflanzung, Windschutzpflanzung, in Wassernähe.

**Ähnliche Art/Sorte:**

- *P. aureosulcata* f. *spectabilis,* äußerst dekorative Halme, leuchtend gelb mit grüner Streifung. Hoher Schmuckwert und gute Frosthärte, Solitär, 300–500 cm.
- *P. aureosulcata* 'Aureocaulis', sehr schmuckvolle, leuchtend goldgelbe Halme, gut winterhart, 300–500 cm.

# Grünhalm Bambus

*Phyllostachys bissetii*

✿ – | ☼–◐ | **300–400**

Robuster Bambus

**Wuchs:** Dichte, aufrechte Halme, ausgesprochen starkwüchsig. Bildet Ausläufer.

**Halm:** Glänzend olivgrün, zur Spitze hin leicht übergeneigt.

**Blatt:** Frischgrün, lanzettlich, 7–12 cm lang, 1–2 cm breit, dichte Belaubung.

**Standort:** Frische bis feuchte, nährstoffreiche und gut durchlässige Böden, sonnig bis lichtschattig. Wärme liebend.
**Pflege:** Benötigt während der Wachstumsphase ausreichend Wasser und Nährstoffe. Bei einer Hainpflanzung erhöht regelmäßiges Auslichten und Aufasten die Transparenz und Eleganz des Hains.
**Verwendung:** Besonders winterhart und robust. Nur für größere Gärten, bildet schnell dichte Hecken und Haine. Verwendung nur mit einer Rhizomsperre empfehlenswert.

## Bonsai Bambus

*Phyllostachys humilis*

✿ – ☼–◐ 200–300

Schnittverträglicher Bambus
**Wuchs:** Kompakt und dickichtartig wachsend, fein verzweigt, sehr starke Ausläuferbildung.
**Halm:** Grün, oft nur fingerdick, straff aufrecht.
**Blatt:** Frischgrün, kleinblättrig, 8 cm lang, 1 cm breit, bildet dichte Laubmasse.
**Standort:** Durchlässige, frische bis feuchte, nährstoffreiche Böden, sonnig bis lichtschattig. Sehr anpassungsfähig.
**Pflege:** Äußerst schnittverträglich, diese Art wird in Japan zur Kultur von Bonsais genutzt.
**Verwendung:** Sehr robuste und frostharte Art. Wegen der zahlreichen Ausläufer nur mit einer Rhizomsperre verwenden. Solitär, Wind- und Sichtschutzhecke, Hain, Kübelpflanze. Als Formschnitthecke bis ca. 2 m Höhe besonders dicht.

## Schwarzer Bambus, Schwarzhalm Bambus

*Phyllostachys nigra*

✿ – ☼–◐ 300–600

Schmuckvoller Halmbildner
**Wuchs:** Locker aufrecht, die äußeren Halme elegant übergeneigt. Geringe Ausläuferbildung, in unseren Breiten meist horstig.
**Halm:** Einjährige Halme grünlich gefärbt, dann zunehmend schwarzpurpur gefleckt, ausgereift glänzend schwarz, sehr dekorativ, Halmdicke 2–3 cm.
**Blatt:** Glänzend dunkelgrün, lanzettlich, 5–12 cm, 1 cm breit, dicht belaubt.
**Standort:** Durchlässige, frische bis feuchte, nährstoffreiche und tiefgründige Lehmböden, sonnig bis lichtschattig. Geschützte Standorte. Mäßig frosthart.
**Pflege:** Benötigt während der Wachstumsphase ausreichend Wasser und Nährstoffe.

**Der Name Schwarzhalm Bambus bezieht sich auf die Halme von *Phyllostachys nigra*, die sich im Laufe des Jahres schwarzpurpur färben.**

Leichter Winterschutz empfehlenswert. Durch regelmäßiges Auslichten der älteren, dünnen Triebe und das Aufasten der unteren Seitenäste werden die schwarzen Halme noch besser in Szene gesetzt.

**Verwendung:** Ein Bambus der sich wegen seiner ausgefallenen Halmfärbung höchster Beliebtheit erfreut. Als Solitär, auch für kleinere Gärten, Atriumgärten.

**Bewährte Sorten:**

- 'Boryana', grüne Halme, im Alter mit braunen Flecken, starkwüchsige und robuste Sorte, Ausläufer bildend. Frosthärter als *P. nigra*, 500–800 cm.
- *P. nigra* var. *henonis*, junge Halme hellgrün, später dunkelgrün, aber ohne Flecken. Frostharte und robuste Sorte, geringe Ausläuferbildung, 300–600 cm.

***Phyllostachys viridiglaucescens*** **sollte als prächtiger Hainbildner nur großflächig verwendet werden.**

## Grünblauer Bambus, Smaragdgrüner Bambus

*Phyllostachys viridiglaucescens*

✿ – | ◐ | 400–900

Eindrucksvoller Hainbildner

**Wuchs:** Zunächst straff aufrecht, mit der Zeit weit und elegant übergeneigt, sehr schnellwüchsig, Zuwachs an warmen Tagen bis zu 50 cm pro Tag. Bildet mit der Zeit eindrucksvolle Haine, durch Ausläuferbildung dickichtartig. Die Bambus-Art, die bei uns die größte Höhe erreicht.

**Halm:** Junge Halme grasgrün glänzend, ältere gelblich grün gefärbt.

**Blatt:** Glänzend frischgrün, lanzettlich, 10–15 cm lang, 1–1,5 cm breit, Halmdicke 2–5 cm.

**Standort:** Tiefgründige, frische bis feuchte, nährstoffreiche Lehmböden, halb- bis lichtschattig. Südlagen sind wegen Frosttrocknisgefahr zu meiden.

**Pflege:** Rhizomsperre einbauen, um Ausläufer in Zaum zu halten. Benötigt während der Wachstumsphase ausreichend Wasser und Nährstoffe.

**Verwendung:** Aufgrund der Wuchsstärke und Ausläuferbildung nur für großflächige Verwendung geeignet. Ausreichend frosthart.

## Gelber Riesen Bambus

*Phyllostachys vivax* 'Aureocaulis'

✿ – ☼–◐ 00–00

Schmuckvoller Solitärbambus

**Wuchs:** Sehr starkwüchsig und besonders lange Ausläufer bildend.

**Halm:** Leuchtend gelb mit unregelmäßigen Streifen zwischen den Knoten, 4–7 cm dick.

**Blatt:** Frischgrün, elegant überhängend, 10–15 cm lang, 1,5–2,5 cm breit.

**Standort:** Tiefgründige, frische bis feuchte, nährstoffreiche, gut durchlässige Böden, sonnig bis halbschattig.

**Pflege:** Während der Vegetationsperiode ausreichend wässern und düngen. Ältere Triebe auslichten und den unteren Halmbereich etwas aufasten, damit die prächtige Halmfärbung besser zur Geltung kommt.

**Verwendung:** Ausreichend frostharte Sorte, frosthärter als die Art selbst. Für Solitärpflanzung.

### Mein Rat

Unterschätzen Sie nicht den Ausbreitungsdrang von Ausläufer bildenden Bambussen, wie z. B. den meisten *Phyllostachys*-Arten. Bauen Sie lieber gleich bei der Pflanzung eine Rhizomsperre ein, die dem Bambus seine Grenzen aufzeigt (siehe Seite 112).

## Zwergbambus

*Pleioblastus pumilus*
(Syn.: *Sasa pumila*)

✿ – ☼–◐ 300–400

Bodendeckender Bambus

**Wuchs:** Dichtwüchsiger Zwergbambus, der sich durch Ausläuferbildung ausgesprochen stark ausbreitet.

**Halm:** Grau, dünnhalmig.

**Blatt:** Bläulich grün, lanzettlich, 10 cm lang, 1–1,5 cm breit.

**Standort:** Frische bis feuchte, nährstoffreiche Gartenböden, sonnig bis halbschattig.

**Pflege:** Die Flächen können zu Beginn des Frühjahrs abgemäht werden (z. B. mit einem hoch gestellten Rasenmäher), so entstehen dichte Bambusteppiche.

***Pleioblastus auricomus*** **ist ein attraktiver Zwergbambus mit auffällig gefärbtem gelbgrünem Laub.**

**Verwendung:** Stark wuchernder Bodendecker, als Rasenersatz, Unterpflanzung von Gehölzen. Nur mit Rhizomsperre zu bändigen.

**Weitere Arten:**

- *P. auricomus* (Syn.: *P. viridistriatus*), Gelbbunter Buschbambus, 60–120 cm, auffallend gelbgrünes Laub, besonders im Frühjahr, 20 cm lang, 2–2,5 cm breit. Attraktiver Zwergbambus zur Aufhellung von Gehölzpartien.
- *P. pygmaeus* var. *distichus*, Fächriger Teppichbambus, dunkelgrün, fächerähnliche Blätter, 5–6 cm lang, bodendeckend, etwa 40 cm hoch.
- *P. variegatus* (Syn.: *P. fortunei*), Weißstreifiger Dichtbuschbambus, lanzettliche Blätter, 10 cm lang, 1–1,5 cm breit, guter Flächendecker, 40 cm hoch.

***Pseudosasa japonica*, der Fächerbambus, schmückt sich mit fächerförmig angeordneten, dekorativen Blättern.**

# Fächerbambus, Breitblattbambus

*Pseudosasa japonica*

✿ – ☼–◐ **200–300**

Großblättriger Bambus

**Wuchs:** Straff aufrechte Triebe, die sich mit zunehmender Verzweigung neigen. Bildet Ausläufer, ohne lästig zu werden.

**Halm:** Grün, dünnhalmig.

**Blatt:** Glänzend dunkelgrün, breit lanzettlich, am Halmende gehäuft, fächerförmig angeordnet, großblättrig, 20–25 cm lang, 3–4 m breit.

**Standort:** Frische bis feuchte, nährstoffreiche Böden, halbschattig bis schattig, sehr anpassungsfähig.

**Pflege:** Rhizomsperre einbauen, da Rhizome und Schösslinge sonst ungehemmt in Pflanzungen eindringen.

**Verwendung:** Äußerst dekorativer und ausreichend frostharter, großblättriger Bambus. Als Solitär, in Wassernähe, Rhododendrongarten, waldartige Gehölzpartien.

# Palmblattbambus

*Sasa palmata*

✿ – ☼–◐ **200–300**

Exotisch anmutender Bambus

**Wuchs:** Locker und langsam wachsend. Bildet kurze Ausläufer, sodass undurchdringliche Dickichte entstehen.

**Halm:** Grün, aufrecht, dünntriebig.
**Blatt:** Dunkelgrün, auffallend groß- und breitblättrig, 20–30 cm lang, 5–8 cm breit, ledrig, mit ausgeprägter Mittelrippe.
**Standort:** Frische bis feuchte, nährstoffreiche Böden, sonnig bis halbschattig, besonders üppig in kühlen und luftfeuchten Lagen.
**Pflege:** Wegen der Ausläuferbildung Rhizomsperre einbauen. Schutz vor Wintersonne, mäßig frosthart.
**Verwendung:** Flächige Bepflanzungen an Teichrändern, Wasserläufen oder unter Gehölzen. Nicht zu kleinflächig einsetzen.

## Mein Rat

Bei Winterschäden an Bambussen sollte man erst einmal abwarten. Häufig sterben nur die Blätter ab, und die Halme treiben erneut aus. Nur selten müssen auch die Halme zurückgeschnitten werden.

Auffällige Laubformen und -farben zeigen *Sasa palmata* (oben) und *Sasa veitchii* (unten).

## Silberrandbambus, Wiesenbambus

*Sasa veitchii*

✿ – ☼–◐ 30–80

Bambus mit schmuckvoller Belaubung
**Wuchs:** Buschig aufrecht, dichttriebig. Durch starke Ausläuferbildung ein sehr hohes Ausbreitungsvermögen, rasen- bzw. wiesenartige Verbreitung.
**Halm:** Purpurgrün, dünntriebig, sehr elastisch, stark verzweigt.
**Blatt:** Dunkelgrün glänzend, groß- und breitblättrig, 25–30 cm, 5–8 cm breit, im Herbst vom Rand her weiß eintrocknend, pergamentpapierartig, im Winter weiß gerandet.
**Standort:** Frische bis feuchte, nährstoffreiche Böden, sonnig bis halbschattig. Bevorzugt kühle und luftfeuchte Lagen.
**Pflege:** Nur eine Rhizomsperre kann den starken Ausbreitungsdrang in Zaum halten. Im Frühjahr kräftig zurückschneiden. Die Pflanze ist mäßig frosthart.
**Verwendung:** Gut Wurzeldruck ertragend, geeignet als Gehölzunterpflanzung, nicht zu kleinflächig verwenden.

# Die schönsten Farne

## Pfauenradfarn, Hufeisenfarn

*Adiantum pedatum*

✿ – ◐–● 40–60

Graziler Farn mit schönem Blattschmuck

**Wuchs:** Kriechend, breitet sich langsam, aber stetig aus, bildet so große Horste.

**Blatt:** Frischgrün, auf drahtigen, schwarz glänzenden Stielen sitzen ausgebreitete, handförmige Wedel, die an Pfauenräder erinnern. Früh im April in zierlichen rötlichen Spiralen austreibend, attraktive hell- bis goldgelbe Herbstfärbung.

**Standort:** Frische bis feuchte, locker humose Böden, licht- bis halbschattig. Bevorzugt kühle und feuchte Lagen.

**Pflege:** Nur flach pflanzen und ungestört wachsen lassen.

*Adiantum pedatum* 'Imbricatum' ist eine zierliche und schwachwüchsige Sorte des Pfauenradfarns.

**Verwendung:** Schmuckvoller Farn für lichtschattige Partien, nordseitig vor Mauern.

**Bewährte Sorten:**

- 'Imbricatum', Krauser Pfauenradfarn, Zwergfarn, leicht gewellte Fiederchen, bis zu 20 cm.
- 'Japonicum', Frühroter Frauenhaarfarn, auffälliger rötlicher Austrieb, über Sommer langsam vergrünend, sonst wie die Art.

## Himalaja-Frauenhaarfarn, Anmutiges Venushaar

*Adiantum venustum*

✿ – ◐–● 20–30

Zierlicher Farn für den Schattengarten

**Wuchs:** Lange kriechende Rhizome, aus denen sich die Wedel entwickeln.

**Blatt:** Frischgrün, feinfiedrige, elegant überhängende Wedel auf drahtigen, schwarz glänzenden Stielen. Schöne bronzefarbene Herbstfärbung.

**Standort:** Feuchte, locker humose und kalkreiche Böden, lichtschattig bis schattig.

**Pflege:** Nur flach pflanzen. Im Pflanzjahr ist ein Winterschutz ratsam, ab dem zweiten Jahr ausreichend winterhart.

**Verwendung:** Im Schutz von Baumstümpfen und Steinen, Rhododendrongarten, gut zu kombinieren mit konkurrenzschwachen Schattenstauden.

## Übersicht der Farne

| | |
|---|---|
| **Großfarne (über 100 cm)** | |
| *Athyrium filix-femina* | Wald-Frauenfarn |
| *Dryopteris affinis* | Goldschuppenfarn |
| *Dryopteris dilatata* | Breiter Wurmfarn |
| *Dryopteris filix-mas* | Gemeiner Wurmfarn |
| *Matteuccia struthiopteris* | Trichterfarn |
| *Osmunda regalis* | Königsfarn |
| **Mittelhohe Farne (über 50 cm)** | |
| *Adiantum pedatum* | Pfauenradfarn |
| *Athyrium niponicum* 'Metallicum' | Japanischer Regenbogenfarn |
| *Dryopteris erythrosora* | Rotschleierfarn |
| *Onoclea sensibilis* | Perlfarn |
| *Polystichum aculeatum* | Glanz-Schildfarn |
| *Polystichum setiferum* | Filigranfarn |
| *Thelypteris palustris* | Sumpf-Lappenfarn |
| **Niedrige Farne (unter 50 cm)** | |
| *Adiantum venustum* | Himalaja-Frauenhaarfarn |
| *Asplenium scolopendrium* | Hirschzungenfarn |
| *Asplenium trichomanes* | Braunstieliger Streifenfarn |
| *Blechnum spicant* | Gewöhnlicher Rippenfarn |
| *Polypodium vulgare* | Gemeiner Tüpfelfarn |

# Hirschzungenfarn

*Asplenium scolopendrium*
(Syn.: *Phyllitis scolopendrium*)

✿ – | ◐–● | 40–50

Schmuckvoller wintergrüner Farn
**Wuchs:** Horstig, trichterförmig.
**Blatt:** Glänzend dunkelgrün, länglich lanzettliche, zungenartige Wedel, wintergrün.
**Standort:** Durchlässige, frische bis feuchte, humusreiche und kalkhaltige Böden, halbschattig bis schattig, luftfeuchte Plätze.
**Pflege:** Vor Wintersonne schützen.
**Verwendung:** In kleineren Gruppen in Schattenpflanzungen, absonniger Steingarten, vor nordseitigen Mauern und Wänden.

Auffällig gewellte Blattränder zeigen die Wedel von *Asplenium scolopendrium* 'Crispa', dem Krausen Hirschzungenfarn.

**Bewährte Sorten:**

- 'Angustifolia', Schmaler Hirschzungenfarn, sehr schmale Wedel, 40 cm lang.
- 'Crispa', Krauser Hirschzungenfarn, am Rand gewellte Wedel, 30–45 cm.
- 'Undulata', Gewellter Hirschzungenfarn, schwächer gewellt als 'Crispa' mit dunklerer Blattfarbe, 30 cm.

### Mein Rat

Ausgefallene Farnarten und -sorten finden Sie in Gärtnereien, die sich auf Farne spezialisiert haben (siehe die Bezugsquellen auf Seite 122).

## Braunstieliger Streifenfarn, Steinfeder

*Asplenium trichomanes*

✿ – | ◐ | 15–25

Wintergrüner Kleinfarn

**Wuchs:** Kurze kriechende Rhizome, bei zusagenden Standorten auch rasenartig.

**Blatt:** Stumpf dunkelgrün, fast linealisch, einfach gefiedert, Wedel 5–20 cm lang. Gegenständige, rundlich-ovale Blättchen an rotbraunen bis schwarzbraunen Wedelstielen, wintergrün.

**Standort:** Durchlässige, humose, frische bis feuchte Böden, sauer bis leicht alkalisch, halbschattige Plätze, Wärme liebend.

**Pflege:** Die Wurzeln müssen bei der Pflanzung in Mauerfugen tief eingebettet und gut angedrückt werden. In der Anwachsphase ist die Pflanze etwas heikel.

**Verwendung:** Zierlicher Farn für feuchtschattige Mauerspalten und Steinfugen, an Baumstümpfen, absonnige Steingartenbereiche.

## Wald-Frauenfarn

*Athyrium filix-femina*

✿ – | ● | 100–150

Anspruchsloser Farn für den Waldgarten

**Wuchs:** Trichterförmige Horste. Mit den Jahren entwickeln sich aus kurzen Rhizomen vielköpfige, breite Pflanzen.

**Blatt:** Hellgrün, 2- bis 3-fach gefiederte Wedel, Fiedern zugespitzt, bis zu 1 m hoch, leicht übergeneigt, strohgelbe Herbstfärbung.
**Standort:** Durchlässige, humose, frische bis feuchte, saure und schwere Lehmböden. Auf feuchten Böden auch sonnig. Insgesamt anspruchslos und anpassungsfähig.
**Pflege:** Wässern in längeren Trockenperioden.
**Verwendung:** Naturgarten, in Schattenpflanzungen zusammen mit konkurrenzstarken Gehölzstauden.
**Bewährte Sorten:**

- 'Cristatum', Hahnenkamm-Frauenfarn, an Fiedern und Wedelspitze kurze Gabelungen und Verbänderungen, 50–70 cm.
- 'Minutissimum', Kleiner Frauenfarn, schwachwüchsiger als die Art, 40 cm.
- 'Plumosum', Fedriger Frauenfarn, feiner gefiedert als die Art, 60 cm.
- 'Rotstiel', Rotstieliger Frauenfarn, wie die Art, aber mit rötlichen Stielen, 100–150 cm.

Der Wald-Frauenfarn, *Athyrium filix-femina*, bildet mit seinen gefiederten Wedeln trichterförmige Horste.

## Japanischer Regenbogenfarn

*Athyrium niponicum* var. *pictum*
(Syn.: *A. niponicum* 'Metallicum')

✿ – | ◐ | 50–70

Schmuckvoller Farn mit metallischer Farbe
**Wuchs:** Kriechender Wurzelstock, vielköpfig, büschelig angeordnete Wedel, mit den Jahren rasenartig, gerader Wuchs.
**Blatt:** Metallisch graugrün mit rötlich purpur gefärbten Rippen und Adern, spät austrei-

Charakteristisch für *Athyrium niponicum* var. *pictum* ist die metallische graugrüne Blattfärbung.

bend, im Winter einziehend. Lang gestielte Wedel, doppelt gefiedert, lang zugespitzt.
**Standort:** Humose, feuchte, leicht saure Böden, licht- bis halbschattig. Bevorzugt kühle und luftfeuchte Lagen.
**Pflege:** Leichter Winterschutz ist in jedem Fall empfehlenswert.
**Verwendung:** Auffallende Schönheit unter den Freilandfarnen, reizvoller Farbkontrast, gut zu kombinieren mit Rhododendron, Schattengräsern und Gehölzstauden.

## Gewöhnlicher Rippenfarn

*Blechnum spicant*

✿ – | ◐–● | 20–40

Schöner heimischer Farn
**Wuchs:** Horstig, mit kurzen Rhizomausläufern.
**Blatt:** Dunkelgrün glänzend, lederartig, einfach gefiedert, rosettenartig dem Boden aufliegend, wintergrün.
**Standort:** Frische bis feuchte, humos saure Böden, bevorzugt in halbschattiger und schattiger Lage. Wichtig sind hohe Boden- und Luftfeuchtigkeit.
**Pflege:** Etwas schwierig anzusiedeln, besonders in den ersten Jahren etwas heikel. Vor Wintersonne schützen.
**Verwendung:** Als Nachbar wenig konkurrenzstark, daher nur mit schwachwüchsigen Gehölzstauden und Gräsern kombinieren. Absonnige Steingartenbereiche, im Rhododendrongarten.

***Blechnum spicant*, der Gewöhnliche Rippenfarn, ist ein wintergrüner Vertreter der heimischen Farnwelt.**

## Goldschuppenfarn, Spreuschuppiger Goldfarn

*Dryopteris affinis*

✿ – | ◐–● | 100–120

Prächtiger, anspruchsloser Farn
**Wuchs:** Breit ausladende Trichter bildend.
**Blatt:** Dunkelgrün, mattglänzend, Wedel zweifach gefiedert, Stiele dicht beschuppt, besonders beim Austrieb, wintergrün.
**Standort:** Frische bis feuchte, nährstoffreiche Böden, halbschattig bis schattig. Bei ausreichender Bodenfeuchte auch absonnig.
**Pflege:** Sehr anspruchslos und pflegeleicht.
**Verwendung:** Besonders wirkungsvoll im Frühjahr, wenn sich die jungen Wedel mit

ihrem goldbraunen Schuppenpelz entrollen. Stattlicher und langlebiger Gartenfarn für schattige Bereiche.

## Breitwedel-Dornfarn, Breiter Wurmfarn

*Dryopteris dilatata*

✿ – | ● | 90–150

Heimischer Farn mit sehr attraktiven Wedeltrichtern

**Wuchs:** Große Wedeltrichter.

**Blatt:** Dunkelgrün, dreifach gefiedert, bis über 1 m lange Wedel, bogig übergeneigt, wintergrün.

**Standort:** Durchlässige, frische, locker humose und kalkarme Böden in schattiger Lage.

**Pflege:** Die großen Wedel knicken leicht, deshalb windgeschützte Pflanzorte wählen.

**Verwendung:** Einzeln oder in kleinen Gruppen, Unterpflanzung von Gehölzen, geeignet für großflächige Schattenpflanzungen in waldartigen Gartenpartien.

## Rotschleierfarn

*Dryopteris erythrosora*

✿ – | ◐–● | 50–75

Hübscher Farn für den Schattengarten

**Wuchs:** Büschelig wachsend, bildet nach Jahren ein vielköpfiges Dickicht.

***Dryopteris dilatata*, der Breitwedel-Dornfarn, bildet große, wintergrüne Wedeltrichter aus.**

**Blatt:** Dunkelgrün glänzend, Austrieb bronzerot, zweifach gefiedert, junge Wedel sind rötlich getönt, spät austreibend, wintergrün.

**Standort:** Tiefgründige, locker humose und frische Böden, halbschattig bis schattig. Bei hoher Bodenfeuchte auch sonnig.

**Pflege:** Falllaub der Gehölze unbedingt liegenlassen, es bietet den besten Winterschutz.

### Mein Rat

Bei der Pflege von Farnen ist zu beachten, dass das Falllaub der Gehölze unbedingt in der Pflanzung belassen werden sollte. Nur so kann ein intakter Nährstoffkreislauf funktionieren. Auch die alten Farnwedel sollten vor dem Winter nicht entfernt werden, da sie einen natürlichen Winterschutz bieten und den Austrieb schützen.

***Dryopteris erythrosora*, der Rotschleierfarn, zeigt während des Austriebs bronzerot gefärbte Wedel.**

Der Pflanzort sollte vor Wintersonne geschützt sein. Alte Wedel beim Neuaustrieb entfernen, damit das frühlingshafte Bild nicht gestört wird.
**Verwendung:** Rhododendrongarten, Schattenpflanzungen.
**Bewährte Sorte:**
- 'Gracilis', Zierlicher Rotschleierfarn, zierlicher als die Art, 50 cm.

## Gemeiner Wurmfarn
*Dryopteris filix-mas*

✿ – | ◐–● | 80–120

Schmuckvoller und robuster Waldfarn
**Wuchs:** Aufrechte und breit trichterförmige Horste.
**Blatt:** Dunkelgrüne Wedel, doppelt gefiedert. Später, aber schöner brauner Austrieb, leicht bogenförmige Wedel.
**Standort:** Humose, frische bis feuchte Böden, halbschattig bis schattig. Bei ausreichender Bodenfeuchte auch sonnig.
**Pflege:** Falllaub in der Pflanzung belassen, abgestorbene Wedel nicht entfernen, da sie die zukünftige Nahrungsgrundlage bilden. In Trockenperioden besprühen.
**Verwendung:** Anspruchsloser Waldfarn für naturhafte Pflanzungen, Schattenpflanzungen.
**Bewährte Sorten:**
- 'Crispa', Krauser Wurmfarn, wie Art, nur gekrauste, dicht stehende Fiedern, 40–50 cm.
- 'Linearis', Leiter-Wurmfarn, fein zerteilte Blätter, starkwüchsig, aber nicht wuchernd, 70–90 cm.

## Trichterfarn, Straußfarn
*Matteuccia struthiopteris*

✿ – | ◐–● | 60–120

Wüchsiger heimischer Farn
**Wuchs:** Trichterförmige Horste bildend, durch Ausläuferbildung starke Verbreitung, mit der Zeit flächendeckend.
**Blatt:** Frischgrün, zweifach gefiedert, im Herbst bereits bei den ersten Frösten welkend. Im Trichter entwickeln sich von Juli bis August die fertilen Sporenträger, zunächst olivgrün, später schwarzbraun. Auch über Winter und als Trockenschmuck eindrucksvoll.

**Standort:** Humose, frische bis feuchte Böden in kühlen, luftfeuchten Lagen, halbschattig bis schattig. Bei ausreichender Boden- und Luftfeuchtigkeit auch in der Sonne.
**Pflege:** Ausbreitungsdrang beobachten.
**Verwendung:** Gut wurzeldruckverträglich. Wüchsiger, anspruchsloser Farn mit großem Ausbreitungsdrang, nur für großflächige Schattenpflanzungen. In Trockenzeiten sprühen, um Luftfeuchtigkeit zu erhöhen. Die Wedel vergilben sonst sehr schnell.
**Ähnliche Art:**

- *M. pensylvanica,* zum Verwechseln ähnlich wie *M. struthiopteris,* aber hellgrün gefärbt, schmalblättriger und eleganter, wuchert weniger und verlangt weniger Feuchtigkeit, bis zu 150 cm.

***Matteuccia struthiopteris*** **ist nur für großflächige Schattenbereiche empfehlenswert.**

## Perlfarn

*Onoclea sensibilis*

✿ – | ◐ | 70–90

Wüchsiger Farn für große Gärten
**Wuchs:** Breitet sich mit flach kriechenden Rhizomen aus, durch Ausläuferbildung flächig.
**Blatt:** Lichtgrün, doppelt gefiederte Wedel, lang gestielt, früher Austrieb, spätfrostgefährdet. Gelblich rote Herbstfärbung. Im Sommer erscheinen kurze Sporenwedel mit perlschnurartig aufgereihten Sporenträgern.
**Standort:** Frische bis feuchte, humusreiche Lehmböden, licht- bis halbschattig.
**Pflege:** Austrieb vor Spätfrösten schützen.
**Verwendung:** Nur für große Gärten, die Stärke

***Onoclea sensibilis*****, der Perlfarn, bildet Ausläufer und breitet sich flächig aus.**

## Mein Rat

Farne bevorzugen lockere, humusreiche Böden auf durchlässigem Untergrund. Zur Erhöhung des Humusgehalts können Laubkompost und/oder Weißtorf zugesetzt und gründlich eingearbeitet werden.

des Perlfarns ist die Besiedlung ganzer Gartenpartien. Wuchert unterschiedlich stark je nach Bodenfeuchte. Je feuchter, desto stärker ist der Ausbreitungsdrang. Befestigt auch Sumpf- und Uferflächen.

**Der Königsfarn, *Osmunda regalis*, bildet schmuckvolle Horste. Dank seiner stattlichen Größe zählt er zu den größten heimischen Farnen.**

**Bewährte Sorte:**

- 'Rotstiel', Rotstiel-Perlfarn, mit rötlichen Stielen, bleibt etwas kleiner als die Art, weniger stark wuchernd, 70–80 cm.

## Königsfarn

*Osmunda regalis*

✿ – | ● | **120–150**

Einer der größten heimischen Farne

**Wuchs:** Locker horstig, aufrechte, breitausladende Trichter.

**Blatt:** Frischgrün, ledrig, doppelt gefiedert. Aufrechte, kerzenartige Sporenträger. Goldgelbe Herbstfärbung.

**Standort:** Feuchte, sauer humose, moorige Böden, bevorzugt schattige, luftfeuchte und wintermilde Lagen. Bei hoher Bodenfeuchte auch sonnig.

**Pflege:** Umpflanzen vermeiden, da der Farn sonst in der Entwicklung stark zurückgeworfen wird.

**Verwendung:** Einzeln oder in lockeren Gruppen. Vor und zwischen Gehölzen, am Bachlauf, Teichrand.

**Bewährte Sorten:**

- 'Cristata', Hahnenkamm-Königsfarn, entwickelt etwas monströs gegabelte Fiederspitzen, keine Herbstfärbung, 80 cm.
- 'Gracilis', Zwerg-Königsfarn, zierlicher als Art, Wedel mit roten Stielen, 80 cm.
- 'Purpurascens', Purpur-Königsfarn, während des Austriebs purpurrote Stiele, 80–130 cm.

## Gemeiner Tüpfelfarn, Engelsüß

*Polypodium vulgare*

✿ – | ◐–● | 20–30

Wertvoller bodendeckender Farn
**Wuchs:** Durch Ausläuferbildung mit der Zeit teppichartig. Der volkstümliche Name Engelsüß bezieht sich auf die süßlich schmeckenden Rhizome.
**Blatt:** Dunkelgrün, derb ledrig, einfach gefiedert, wintergrün.
**Standort:** Durchlässige, humos-lehmige, kalkarme Böden, halbschattige bis schattige, luftfeuchte Lagen. Sehr anpassungsfähig.
**Pflege:** Pflegeleicht, eingewachsen sehr trockenheitsresistent.
**Verwendung:** In schattigen Gehölzpartien, Mauerspalten, Felsen.

***Polypodium vulgare*, der Gemeine Tüpfelfarn, ist ein wintergrüner Farn, der teppichartig wächst.**

## Glanz-Schildfarn

*Polystichum aculeatum*

✿ – | ◐–● | 60–80

Schmuckvoller wintergrüner Farn
**Wuchs:** Horstig, breit trichterförmig.
**Blatt:** Glänzend dunkelgrün, lederartig, zwei- bis dreifach gefiedert, Wedel elegant gebogen, wintergrün.
**Standort:** Durchlässige, bevorzugt frische, humose und nährstoffreiche Böden, halbschattig bis schattig.

### Mein Rat

Die meisten Farne sind Waldpflanzen. Da sich das Waldklima durch eine gleichmäßige Boden- und Luftfeuchtigkeit auszeichnet, reagieren die Waldfarne in Trockenzeiten sehr positiv auf eine Erhöhung der Luftfeuchte, etwa mithilfe von Sprühschläuchen.

## Mein Rat

Farne können ähnlich wie Gräser durch Teilung vermehrt werden. Allerdings ist die Vermehrungsrate nicht besonders hoch. Sehr viel ergiebiger ist die Vermehrung durch Sporen (siehe Seite 121), eine Methode, die heute fast ausschließlich von Spezialbetrieben oder auch von Liebhabern genutzt wird.

**Pflege:** Die wintergrünen Wedel bleiben grün bis zum neuen Austrieb im Mai. Rückschnitt der Wedel erst Ende April bis Anfang Mai.
**Verwendung:** Einzeln oder in kleineren Gruppen. Wertvoller Farn für den Schattengarten, zusammen mit Rhododendren, Schattengräsern und Waldstauden, absonnige Steingärten, vor Mauern.

## Filigranfarn, Weicher Schildfarn

*Polystichum setiferum*

✿ – | ◐–● | 60–80

Dekorativer wie sortenreicher Farn
**Wuchs:** Breite, trichterförmige Horste, Wedel locker übergeneigt, sie messen bis zu 120 cm im Durchmesser.

Charakteristisch für *Polystichum setiferum* 'Proliferum', dem Brut-Filigranfarn, ist die Brutknospenbildung auf den Mittelrippen, die für Vermehrungszwecke genutzt werden kann.

**Blatt:** Mattgrün, fein gefiederte Wedel, Wedelstiele dicht mit braunen Spreuschuppen bedeckt, wintergrün.
**Standort:** Frische bis feuchte, humose und nährstoffreiche Böden, halbschattig bis schattig, luftfeuchte Plätze.
**Pflege:** Vor Wintersonne und starken Winden geschützte Standorte wählen, nur dann bleibt die Pflanze wintergrün.
**Verwendung:** Einzeln oder in kleinen Gruppen, schmuckvoller Farn vor und zwischen Gehölzen, Unterpflanzung von lichthungrigen Laubgehölzen, Rhododendrongarten.
**Bewährte Sorten:**

- 'Herrenhausen', Großer Filigranfarn, breite bis 40 cm lange Wedel, 70 cm.
- 'Plumosum Densum', Flaumfeder-Filigranfarn, sehr fein zerteilte Wedel, moosartig wirkend, bis zu 50 cm lange Wedel, bis 40 cm.
- 'Proliferum', Brut-Filigranfarn, bildet auf der Mittelrippe eine Unzahl von Brutknospen. Schmale, bis zu 60 cm lange Wedel flach gebogen, 50 cm.

***Thelypteris palustris*, der Sumpf-Lappenfarn, bildet eine Ausnahme im Farnsortiment, da er auch feuchte Gartenstandorte besiedelt.**

## Sumpf-Lappenfarn

*Thelypteris palustris*

✿ – | ◐–● | 50–60

Filigraner Farn für feuchte Gartenbereiche
**Wuchs:** Ausläufer treibend, aufrechte Wedel, die einzeln stehen.
**Blatt:** Frischgrün, filigrane Belaubung, zweifach gefiedert, länglich-lanzettlich, 5–15 cm lang. Die fertilen Wedel sind zierlicher, jedoch höher als die sterilen Wedel.
**Standort:** Feuchte, nasse Böden, sumpfig flache Ufer, Moore, bis zu 20 cm überstaute Uferbereiche. Sonnige Standorte nur bei ausreichender Bodenfeuchte.
**Pflege:** An Stellen, an denen das Wuchern lästig werden kann, ist eine Gefäßpflanzung zu bevorzugen.
**Verwendung:** Einziger Farn, der noch in flachen Gewässern wächst. Als Uferbegrünung, am Wasserrand oder in flachen Teichzonen. Die feine Belaubung setzt besonders spannungsvolle Kontraste zwischen Sumpf- und Wasserpflanzen.

# Gräser und Farne verwenden und kombinieren

Gräser und Farne fallen in erster Linie durch ihren Blattschmuck und ihre Gestalt auf. Ihre schönen Eigenschaften kommen am besten in Kombination mit anderen Stauden und Gehölzen zur Geltung. Gekonnt eingesetzt, bereichern sie dann als grüne Begleiter jede Staudenpflanzung.

## Standort und Zierwert

Wie bei allen Gartenpflanzen sind auch bei der Verwendung von Gräsern zunächst die Standortansprüche als grundlegende Voraussetzung für ein dauerhaftes Gedeihen im Garten zu berücksichtigen. Da Gräser in der Natur an den unterschiedlichsten Standorten wachsen, findet sich auch für jeden Gartenbereich ein geeignetes Gras. Die Standortansprüche der jeweiligen Gräser werden im Porträtteil ausführlich beschrieben.

Neben den Standortansprüchen spielen ästhetische Faktoren bei der Gräserverwendung eine wichtige Rolle. Im Vordergrund stehen die Blattform und -färbung, die Wuchsform und der Blütenschmuck.

Gräser zieren vor allem mit dem eleganten Linienspiel ihrer Blätter. Alle Gräser zeigen eine sehr einheitliche Blattform, die in Kombination mit anderen Blattformen und -größen besonders gut zur Wirkung kommt. Interessante Kontraste entstehen durch das Zusammenspiel mit andersartigen Blattformen wie z. B. gefiederten oder besonders großlaubigen Blättern. Je unterschiedlicher die Blattformen, desto kontrastvoller und spannender zeigt sich eine Pflanzung in ihrer Wirkung.

**Die Rasen-Schmiele *(Deschampsia cespitosa)* entwickelt üppige Blütenrispen, die sich nach der Blüte gelblich verfärben.**

**Wenn man Gräser mit unterschiedlichen Blattformen und -farben kombiniert, entstehen spannungsvolle Kontraste. Hier *Hakonechloa macro* 'Aureola' mit *Heuchera* und *Bergenia*.**

## Blattfarbe

Neben den Blattformen und -größen bieten auch die vielen unterschiedlichen Blattfarben der Gräser interessante Gestaltungsmöglichkeiten. Die meisten Ziergräser sind grünlich gefärbt und somit vielseitig zu kombinieren. Als grüne Begleiter steigern sie in Pflanzungen die Wirkung der Blütenfarben.
Mittlerweile gibt es aber auch eine erstaunliche Vielzahl von weiß- und gelbbunten Formen, blau- oder graulaubigen sowie rotbraun gefärbten Arten und Sorten bei den Gräsern. Besonders reizvoll sind die weiß- und gelbbunten Formen in dunklen, schattigen Gartenpartien. Dort wirken sie wie Lichtflecke, die den Schattenbereich aufhellen. An sonnigen Standorten sind weiß- und gelbbunte Gräser wirkungsvolle Begleiter für blühende Stauden. Besonders elegant kommen sie in Kombination mit weiß bzw. gelb blühenden Stauden zur Geltung, die die Blattfärbung des Grases wiederholen.
Alle blau- und graugrünen Formen sind Sonne und Wärme liebende Gräser, die in steppenhaften Pflanzungen schöne Akzente setzen. Sehr außergewöhnlich sind die Rot- und Brauntöne einiger Gräser. Damit diese Blattfarben richtig zu Geltung kommen, benötigen sie sonnige Standorte und farblich abgestimmte Begleiter. Effektvoll können sie auch im Topfgarten präsentiert werden.

## Blattfarben

**Weißbunte Gräser** für sonnige bis lichtschattige Standorte

- *Calamagrostis × acutiflora* 'Overdam'
- *Glyceria maxima* 'Variegata'
- *Miscanthus sinensis* 'Variegatus'
- *Phalaris arundinacea* 'Picta'

für lichtschattige bis schattige Standorte

- *Carex conica* 'Snowline'
- *Carex morrowii* 'Variegata'
- *Carex morrowii* 'Ice Dance'
- *Carex muskingumensis* 'Silberstreif'
- *Carex ornithopoda* 'Variegata'
- *Luzula sylvatica* 'Marginata'
- *Molinia caerulea* 'Variegata'

**Gelb panaschierte Gräser** für sonnige bis lichtschattige Standorte

- *Miscanthus sinensis* 'Strictus' und 'Zebrinus'
- *Phragmites australis* 'Variegatus'
- *Spartina pectinata* 'Aureomarginata'

für lichtschattige bis schattige Standorte

- *Carex elata* 'Aurea'
- *Carex oshimensis* 'Evergold'
- *Hakonechloa macra* 'Aureola'
- *Luzula sylvatica* 'Wintergold'

**Blau gefärbte Gräser** für sonnige Standorte

- *Festuca amethystina*
- *Festuca glauca* (in Sorten)
- *Helictotrichon sempervirens*
- *Koeleria glauca*
- *Stipa gigantea*

**Rot bis rotbraun gefärbte Gräser** für sonnige Standorte

- *Carex buchananii*
- *Imperata cylindrica* 'Red Baron'

## Herbstfärbung

Viele Gräser trumpfen zum Abschluss des Gartenjahres noch mit flammenden Herbstfärbungen auf. Die schönsten Herbstfärbungen zeigen gewöhnlich die Gräser, die in voller Sonne stehen. Zwar findet auch im lichten Schatten ein Farbwechsel statt, allerdings sind die Farben dort etwas gedämpfter. Je nach Witterung fällt die Herbstfärbung mehr oder weniger intensiv aus. Manche Arten und Sorten behalten ihre prachtvolle Färbung sogar bis in den Winter hinein. Zusammen mit herbstblühenden Stauden und herbstfärbenden Gehölzen bilden diese Gräser stimmungsvolle Herbstbilder. Besonders attraktive Herbstfärbungen zeigen die in der Tabelle zusammengestellten Arten und Sorten.

Am besten wirken herbstfärbende Gräser vor einem dunkleren Hintergrund, beispielsweise aus immergrünen Sträuchern. Laubabwerfende Sträucher und herbstblühende Stauden ergänzen die spektakuläre Farbparade im herbstlichen Garten. Eine fast unglaubliche Vielfalt an Herbstblühern bietet alleine das Astern-Sortiment. Attraktive Partner sind auch spät blühende Sorten der Goldrute *(Solidago)*, der Sonnenbraut *(Helenium)* sowie der Stauden-Sonnenblume *(Helianthus decapetalus)*.

## Herbstfärbung

**Gräser mit schöner Herbstfärbung sind:**

- *Calamagrostis × acutiflora* 'Karl Foerster'
- *Chasmanthium latifolium*
- *Miscanthus giganteus*
- *Miscanthis sinensis* 'Malepartus', 'Silberfeder' und 'Sirene'
- *Molinia caerulea* (in Sorten)
- *Molinia arundinacea* (in Sorten)
- *Panicum virgatum* (in Sorten)
- *Pennisetum alopecuroides* (in Sorten)
- *Schizachyrium scoparium*
- *Spodiopogon sibiricus*

Auffällig gestreifte und gefärbte Blätter zieren *Carex oshimensis* 'Evergold' (oben) und *Miscanthus sinensis* 'Strictus' (unten).

Intensives Blau zeigen Sorten von *Festuca glauca* wie 'Eliah Blue' (oben). Extravagant ist die Farbe von *Carex buchananii* (unten).

## Wuchsformen

Bei der Verwendung von Gräsern kommt der Wuchsform und der Gestalt eine besondere Bedeutung zu, da sie über eine lange Zeit, häufig sogar über das ganze Jahr hinweg, sichtbar bleibt. Durch die gezielte Verwendung besonderer Wuchsformen können in Stauden-pflanzungen wirkungsvolle Akzente gesetzt werden. Straff aufrecht wachsende Gräser wie z. B. *Calamagrostis × acutiflora* 'Karl Foerster' oder auch verschiedene *Miscanthus*-Sorten können, wenn sie in kleineren Gruppen gepflanzt und rhythmisch wiederholt werden, ein dekoratives Grundgerüst einer Pflanzung bilden. Bogig überhängend wachsende Gräser wie z. B. *Pennisetum alopecuroides* überspielen mit ihrem eleganten Linienwurf harte Beet- oder Wegkanten.

## Blüten- und Fruchtschmuck

Eine Vielzahl von Gräsern schmückt sich mit prachtvollen Blütenständen, welche die Blätter deutlich überragen. Die meisten Gräser zeigen ihren Blüten- und Fruchtschmuck erst im Laufe des Sommers. Reizvolle Farbspiele ergeben sich während der Reife, wenn sich die Blütenstände leuchtend goldgelb, kupfrig

**Staudenpflanzungen mit Gräsern zeigen im Jahreslauf mehrere Höhepunkte. Hier setzt die Fackellilie, *Kniphophia*, stimmungsvolle Akzente.**

1 Straff aufrecht wächst *Calamagrostis × acutiflora* 'Karl Foerster'.

2 Elegant ist das überhängende *Pennisetum alopecuroides*.

3 Borstig abstehende Halme hat *Helictotrichon sempervirens*.

oder rötlich braun verfärben. In Kombination mit herbstblühenden Stauden wirken die Blüten- und Fruchtstände besonders gut. Bei vielen Arten und Sorten zieren die Fruchtstände sogar bis in den Winter hinein. Auch in der Floristik sind die Blüten- und Fruchtstände vielseitig verwendbar. Einen besonders attraktiven Blüten- und Fruchtschmuck zeigen die in der auf folgender Seite stehenden Tabelle zusammengestellten Gräser.

Attraktive Fruchtstände bildet das Lampenputzergras *Pennisetum alopecuroides*.

Das Plattährengras *Chasmanthium latifolium* ist ein Schmuckstück im Garten.

## Gräser mit auffallendem Blüten- oder Fruchtschmuck

- *Bouteloua gracilis*
- *Briza media*
- *Calamagrostis brachytricha*
- *Carex grayi*
- *Carex pseudocyperus*
- *Chasmanthium latifolium*
- *Eriophorum latifolium*
- *Hystrix patula*
- *Luzula nivea*
- *Melica ciliata*
- *Miscanthus sinensis* 'Silberfeder' und 'Silberspinne'
- *Molinia arundinacea* (in Sorten)
- *Panicum virgatum* (in Sorten)
- *Pennisetum alopecuroides*
- *Stipa calamagrostis*
- *Stipa capillata*
- *Stipa gigantea*
- *Stipa pulcherrima*

Wenn Staudenpflanzungen erst im Frühjahr zurückgeschnitten werden, können reizvolle Winterbilder entstehen. Besonders Reif und Schnee verzaubern Ihren Garten.

## Winterschmuck

Gräser sollten grundsätzlich erst im Frühjahr zurückgeschnitten werden, denn auch das winterliche Erscheinungsbild der Gräser hat seinen Reiz. Außerdem bildet das eingetrocknete Laub einen natürlichen Winterschutz. Schnee und Frost, besonders Raureif, verwandeln die Brauntöne des Herbstes dann in ein weißes Wintermärchen. Wenn der Herbst nicht zu feucht war, behalten viele Gräser ihre Gestalt bis tief in den Winter hinein, sodass sie auch eine wichtige Raum bildende Funktion im winterlichen Garten übernehmen.
Als besonders standfest und dauerhaft, auch unter Schneelast, haben sich viele *Miscanthus*-Sorten bewährt.
Eine Bereicherung im winterlichen Garten bilden auch die verschiedenen winter- und immergrünen Gräser, wie z. B. *Carex morrowii* 'Variegata', *Carex plantaginea* oder *Luzula sylvatica*.

# Pflanzweise

Gräser kommen am besten einzeln oder in kleinen Gruppen zur Wirkung. Unregelmäßig oder rhythmisch wiederholt sind solche Gräsergruppen als Gerüstbildner in Staudenpflanzungen bestens geeignet. Hervorragende Gerüstbildner sind *Calamagrostis × acutiflora* 'Karl Foerster', *Panicum virgatum* oder auch viele *Miscanthus*-Sorten. Einige wenige können auch kleinflächig verwendet werden; hierzu gehören *Carex plantaginea* oder *Luzula sylvatica*.
Einige außergewöhnlich stattliche Gräser sollten einen Einzelplatz bekommen, an dem sie ihre Schönheit uneingeschränkt entfalten können. Solitärgräser wie *Miscanthus giganteus* oder auch viele Sorten von *Miscanthus sinensis* überzeugen durch ihre imposante Größe und ihr anhaltend attraktives Aussehen. Als Blickfang setzen sie Akzente an Sitzplätzen, Wegverläufen, Terrassen, Wasserbecken oder auch in Innenhöfen. Alternativ dazu können Solitärpflanzen auch in häufiger Folge einen Ort markieren und einem Beet einen festen Rhythmus verleihen. Hohe, aufrechte Gräser gelten deshalb auch als Ordnungs- oder Gerüstträger einer Pflanzung. Gräser mit einem übergeneigten, bogenförmigen Wuchs wie das Australische Lampenputzergras *(Pennisetum alopecuroides)* oder der Riesen-Schwingel *(Festuca mairei)* verstehen es, zwischen unterschiedlichen Wuchsformen zu vermitteln und diese zu verbinden.
Faustzahlen für den Platzbedarf der Gräser sind der Tabelle rechts oben zu entnehmen.

## Faustzahlen für den Platzbedarf

| |
|---|
| **Riesengräser (über 180 cm):** |
| 1 Stück/m² |
| **Großgräser (über 100 cm):** |
| 1 Stück/m² |
| **Mittelhohe Gräser (über 40 cm):** |
| 1–3 Stück/m² |
| **Kleinwüchsige Gräser (unter 40 cm):** |
| 3–5 Stück/m² |

**Dominante Gräsergestalten wie hier *Stipa gigantea* zeigen in Einzelstellung am besten ihre volle Schönheit.**

# Verwendungsmöglichkeiten im Garten

Eine große Auswahl von Gräsern gibt es für sonnige Rabatten. Ebenso wie die Rabattenstauden gedeihen auch sie am besten in voller Sonne und auf einem durchlässigen, frischen Boden. Entsprechend ihrer Größe können sie als Hintergrund, Gerüstbildner oder auch als grüne Begleiter auf Rabatten eingesetzt werden. Niedrige und mittelhohe Gräser verdecken perfekt die etwas unschön verkahlenden Stängel höherer Stauden.

Als grüne Begleiter bilden die Gräser einen ruhigen Rahmen für die leuchtenden Blütenfarben der Rabattenstauden. Schön zu kombinieren sind die in der Tabelle zusammengestellten Gräser mit Hochsommerblühern wie Hoher Flammenblume *(Phlox paniculata)*, Sonnenauge *(Heliopsis helianthoides)*, Sonnenhut *(Rudbeckia fulgida)* oder auch mit herbstblühenden Astern *(Aster novi-belgii, Aster dumosus, Aster novae-angliae)*.

Die gruppenweise Pflanzung von *Molinia arundinacea* 'Windspiel' setzt hier einen wirkungsvollen Rahmen zur Herbstblüte der Glattblatt-Astern *(Aster novi-belgii)*.

**Hier ergänzen sich Gräser und blühende Stauden zu einer abwechslungsreichen Pflanzung. Ein schönes Zusammenspiel von Blütenfarben und -formen sowie der verschiedenen Wuchsformen.**

## Gräser für den Steppengarten

Unentbehrlich sind Gräser im Steppengarten und in steppenhaften Pflanzungen. Die Steppengräser benötigen einen sonnigen Standort mit durchlässigem Boden, der nicht allzu nährstoffreich sein sollte. Sommertrockenheit wird von diesen Gräsern meist gut vertragen. Gut zu kombinieren sind die Steppengräser mit trockenheitsverträglichen Stauden und Halbsträuchern. Passende Begleiter für die Steppengräser sind u. a. Bart-Iris *(Iris-*Germanica-Gruppe), verschiedene Salbei-Arten *(Salvia officinalis, Salvia nemorosa),* Lavendel *(Lavandula angustifolia),* Steppen-Wolfsmilch *(Euphorbia seguieriana)* und viele andere graulaubige Stauden.

## Gräser für sonnige Rabatten

- *Calamagrostis × acutiflora*
- *Calamagrostis brachytricha*
- *Cortaderia selloana*
- *Imperata cylindrica* 'Red Baron'
- *Miscanthus × giganteus*
- *Miscanthus sinensis* (in Sorten)
- *Molinia arundinacea* (in Sorten)
- *Panicum virgatum* (in Sorten)
- *Pennisetum alopecuroides* (in Sorten)
- *Schizachyrium scoparium*
- *Sorghastrum nutans*
- *Spodiopogon sibiricus*
- *Sporobolus heterolepis* 'Wisconsin Strain'

## Gräser für den Steppengarten

- *Bouteloua gracilis*
- *Briza media*
- *Carex montana*
- *Cortaderia selloana*
- *Festuca amethystina*
- *Festuca glauca*
- *Festuca gautieri*
- *Festuca mairei*
- *Helictotrichon sempervirens*
- *Hystrix patula*
- *Koeleria glauca*
- *Melica ciliata*
- *Sesleria autumnalis*
- *Stipa calamagrostis*
- *Stipa capillata*
- *Stipa gigantea*
- *Stipa pulcherrima*

Ein harmonisches Staudenbeet, in dem gelbe, blaue und weiße Blütenfarben dominieren. Überragt wird der Blütenflor von den fedrigen Blütenständen des Riesen-Federgrases *(Stipa gigantea)*.

## Gräser für den Schattengarten

Schattengräser können gut zusammen mit Farnen verwendet werden. Gestaltungsideen für schattige Gärtenplätze finden Sie ab Seite 100.

## Gräser für den Ufer- und Wassergarten

Gräser können auch im Ufer- und Wassergarten eine dominierende Rolle einnehmen. Die Blattformen der Ziergräser bilden hier eine perfekte Ergänzung zu den oft großlaubigen Blättern der Wasserpflanzen. Berücksichtigen sollte man bei der Auswahl allerdings die gewünschte Wassertiefe und den Ausbreitungsdrang einiger Gräser. Beispiele für Gräser, die für diese Situationen passen, finden Sie in der Tabelle oben rechts.

## Gräser für den Topfgarten

Auch als Topf- oder Kübelpflanze können Gräser die unterschiedlichsten Gartenplätze bereichern. Besonders attraktiv präsentieren sich viele buntlaubige Gräser in Gefäßen. Interessant ist eine Kübelpflanzung auch für die nicht ganz frostharten Arten und Sorten, die im Winter dann an einen geschützten Standort geräumt werden können. Gut in Zaum gehalten werden können im Kübel außerdem schmuckvolle Gräser mit Wucherneigung wie z. B. der Bunte Wasserschwaden (*Glyceria maxima* 'Variegata'). Weitere Beispiele finden Sie in der Tabelle Seite 94.

### Gräser für den Ufer- und Wassergarten

- *Carex grayi*
- *Carex pseudocyperus*
- *Carex muskingumensis*
- *Eriophorum latifolium*
- *Glyceria maxima* 'Variegata'
- *Juncus effusus* 'Spiralis'
- *Phragmites australis* 'Variegatus'
- *Schoenoplectus lacustris*
- *Spartina pectinata* 'Aureomarginata'

Sehr wirkungsvoll präsentieren sich Gräser auch in Töpfen, hier *Hakonechloa macra* 'Aureola'.

## Gräser für den Topfgarten

- *Arundo donax* 'Versicolor'
- *Carex caryophylla* 'The Beatles'
- *Carex oshimensis* 'Evergold'
- *Carex remota*
- *Festuca glauca*
- *Glyceria maxima* 'Variegata'
- *Hakonechloa macra* 'Aureola'
- *Imperata cylindrica* 'Red Baron'
- *Miscanthus sinensis* (in Sorten)
- *Pennisetum alopecuroides* (in Sorten)
- *Phalaris arundinacea* 'Picta'
- *Phragmites australis* 'Variegatus'

## Einjährige Gräser

Unentbehrlich sind die Einjahresgräser in reinen Sommerblumenpflanzungen. Hier können sie als Gerüstbildner oder auch als Vermittler zwischen den Blütenfarben verwendet werden. Einjährige Gräser können auch als Lückenfüller in Staudenpflanzungen eingesetzt werden. Besonders ansprechend sind sie in Pflanzungen mit zeitgleich blühenden Sommer- und Herbstblühern. Empfehlenswert für Staudenbeete sind *Pennisetum setaceum, Pennisetum villosum* und *Rhynchelytrum repens*. Ihre Fruchtstände sind als floristisches Beiwerk sehr begehrt.

Einjährige Gräser können gut mit Sommerblumen kombiniert werden. Hier *Rudbeckia hirta* und *Verbena bonariensis* zusammen mit *Pennisetum villosum*.

# Bambus – ein Hauch Fernost im Garten

In der Gartengestaltung bietet Bambus vielseitige Verwendungsmöglichkeiten. Er besticht mit seiner Eleganz, der immergrünen filigranen Belaubung und den schmuckvollen Halmen. Die angebotene Arten- und Sortenvielfalt lässt hinsichtlich der Größe, Form und Verwendbarkeit keine Wünsche offen. Bambus kann als Solitärpflanze, als Hain, als Bodendecker oder auch als immergrüne Hecke verwendet werden. Bestens geeignet ist Bambus auch für die Begrünung von Innenhöfen, da diese ein geschütztes Klima aufweisen. Dort können auch Bambus-Arten gedeihen, die für einen freien Stand nicht ausreichend winterhart sind.
Beliebt ist Bambus als Pflanzenmaterial auch in Verbindung mit moderner Architektur. Er harmoniert sehr gut mit Glas, Stahl und Beton. Überall dort, wo das Auspflanzen von Bambus nicht möglich ist, kann Bambus bei entsprechender Pflege auch im Topf gedeihen – eine attraktive Bereicherung für Terrassen, Balkone und Dachgärten.

## Pflanzpartner für Bambus

Bei der Verwendung von Bambus im Garten ist zu berücksichtigen, dass er etwas fremdartig anmutet und bei falscher Verwendung oder im falschen Umfeld schnell als Fremdkörper wirken kann. Als Begleiter drängen sich daher Pflanzen auf, die auch aus dem asiatischen Raum stammen. In Kombination mit großblättrigen Stauden und Gehölzen wie z. B. Schaublatt *(Rodgersia)*, Funkien *(Hosta)* oder der Schmuckblatt-Mahonie *(Mahonia bealei)* entstehen spannungsreiche Gartenbilder, die zusätzlich von den unterschiedlichen Grüntönen leben.

## Bambus als Solitärpflanze

Der elegante Habitus und die betont graphische Linienführung der Halme kommen bei einer Solitärpflanzung besonders gut zur Geltung. Ein Bambussolitär benötigt allerdings viel Freiraum und einen neutralen Hintergrund, damit er richtig zur Wirkung kommt. Am schönsten wirkt Bambus als Solitärpflanze in der Nähe von Wasser. Reizvoll daran ist die Spiegelung in der Wasserober-

### Für eine Solitärpflanzung bieten sich die folgenden Bambus-Arten an

- *Phyllostachys aureosulcata*
- *Phyllostachys nigra*
- *Phyllostachys vivax* 'Aureocaulis'
- *Pseudosasa japonica*

Für kleinere Arten und Vorgärten eignen sich *Fargesia nitida* und die Sorten von *Fargesia murieliae*.

Die Verwendung von Bambus verlangt etwas Feingefühl, da sich seine exotisch anmutende Erscheinung nur schwer in das Gartenbild einordnet.

fläche. Da Bambus sehr nässeempfindlich ist, darf er nicht im Wasser stehen, sonst faulen die Rhizome. Folienteiche müssen durch Einbau einer Rhizomsperre (siehe Seite 112) vor Rhizomen geschützt werden.

## Der Bambushain

Einige Bambus-Arten und -Sorten bilden mit den Jahren eindrucksvolle Bambushaine. Außer einem großen Garten braucht man allerdings viel Geduld, bis sich ein Hain richtig entwickelt hat. Die endgültige Höhe erreicht ein Bambushain erst nach 7–10 Jahren. Voraussetzung ist auch ein klimatisch begünstigter Standort. Je nach geplanter Größe des Hains pflanzt man 3–5 oder auch mehr Pflanzen. Die Ausbreitungsgrenzen sollten gleich bei der Pflanzung durch Einbau einer Rhizomsperre festgelegt werden. Ein regelmäßiger Auslichtungsschnitt (siehe Seite 86) erhöht die Transparenz und Eleganz des Hains. Für einen Bambushain sind die hochwüchsigen *Phyllostachys*-Arten besonders gut geeignet. Empfehlenswert sind die Arten

- *Phyllostachys aureosulcata,*
- *Phyllostachys bissetii,*
- *Phyllostachys viridiglaucescens.*

## Bambus als Bodendecker

Die niedrigen *Pleioblastus*- und *Sasa*-Arten besiedeln durch ihre starke Ausläuferbildung schnell größere Flächen. Somit besitzen sie hervorragende bodendeckende Eigenschaften. Hinzu kommt, dass sie immergrün, wüchsig und unverwüstlich sind.
Als Unterpflanzung von halbschattigen oder absonnigen Gehölzpartien bilden *Pleioblastus*-Arten binnen kurzer Zeit dichte Teppiche.

Die niedrigen Bambus-Arten wie *Pleioblastus variegatus* eignen sich gut zur Unterpflanzung von Gehölzen.

## Begleitpflanzen für Bambusse

| Gehölze | |
|---|---|
| *Acer palmatum* (in Sorten) | Fächer-Ahorn |
| *Acer japonicum* (in Sorten) | Japanischer Ahorn |
| *Hydrangea aspera* | Samt-Hortensie |
| *Ilex crenata* | Japanischer Ilex |
| *Prunus laurocerasus* | Lorbeer-Kirsche |
| *Mahonia bealei* | Schmuckblatt-Mahonie |
| *Rhododendron* (Arten und Sorten) | Rhododendron |
| *Viburnum carlesii* | Duft-Schneeball |

| Stauden | |
|---|---|
| *Astilboides tabularis* | Tafelblatt |
| *Hemerocallis* (Arten und Sorten) | Taglilie |
| *Hosta* (Arten und Sorten) | Funkie |
| *Kirengeshoma palmata* | Wachsglocke |
| *Rodgersia* (in Arten) | Schaublatt |
| *Matteuccia struthiopteris* | Trichterfarn |
| *Osmunda regalis* | Königsfarn |
| *Carex morrowii* 'Variegata' | Weißbunte Japan-Segge |
| *Hakonechloa macra* 'Aureola' | Gelbbuntes Japangras |
| *Spartina pectinata* 'Aureomarginata' | Goldleisten-Bandgras |

Daher ist es ausreichend, wenn 1–4 Pflanzen/m² gepflanzt werden, je nachdem, wie schnell die Fläche geschlossen sein soll. Bei 1 Pflanze/m² dauert es ca. 3–4 Jahre, bei einer Pflanzdichte von 5–8 Pflanzen/m² erzielt man bereits nach 2 Jahren eine geschlossene Fläche. Ideale Eigenschaften besitzen diese Bambus-Arten auch zur Befestigung von Böschungen und Hängen.
Alle bodendeckenden Arten sind äußerst schnittverträglich, durch regelmäßigen Schnitt können sie niedriger und dichter gehalten werden (siehe Seite 114). In Japan werden sie häufig ganz kurz gehalten und als Rasenersatz verwendet.
Nicht unterschätzen sollte man jedoch die Konkurrenzkraft dieser Arten. Kleinsträucher und Stauden sind als Nachbarn völlig ungeeignet, da sie sich gegenüber diesen Arten nicht dauerhaft behaupten können. Der Ausbreitungsdrang kann nur durch eine Rhizomsperre begrenzt werden.

## Gute Bodendecker sind

- *Pleioblastus pumilus*
- *Pleioblastus variegatus*
- *Pleioblastus auricomus*
- *Pleioblastus pygmaeus* var. *distichus*
- *Sasa veitchii*

Einige Bambus-Arten können auch als frei wachsende Hecke verwendet werden. Als Immergrüne gewähren sie guten Sichtschutz.

## Bambus als Hecke

Bambushecken bieten einen idealen Sichtschutz. Sie wirken lebendiger und nicht so starr wie andere immergrüne Hecken. Allerdings wirken sie nur als frei wachsende Hecken, ein Formschnitt widerspricht der natürlichen Wuchsform. Damit die Hecke nicht zum Hain ausufert, sollte bei ausläuferbildenden Arten eine Rhizomsperre eingebaut werden. Über die Höhe und auch die Dichte der Hecke entscheidet die Arten- und Sortenwahl. Entsprechend der Funktion, die eine Hecke im Garten übernehmen soll, besteht die Auswahl zwischen einer dichtbelaubten, vielhalmigen, kompakten Hecke und einer etwas transparenten Hecke, die dafür besonders schmuckvolle Halme zeigt. Dichter wird eine Bambushecke, indem die ältesten, unansehnlich gewordenen Halme regelmäßig ausgelichtet werden (siehe Seite 114). Die Pflanze wird dadurch zum Austrieb von neuen Halmen angeregt.

## Für eine Heckenpflanzung eignen sich:

- *Fargesia murieliae* 'Simba'
- *Fargesia murieliae* 'Deep Forest'
- *Fargesia murieliae* 'Jumbo'
- *Phyllostachys humilis*
- *Phyllostachys nigra* 'Bergaron'
- *Phyllostachys aureosulcata* 'Aureocaulis'
- *Phyllostachys aureosulcata* 'Spectabilis'
- *Phyllostachys bissetii*
- *Phyllostachys nigra* var. *heronis*
- *Pseudosasa japonica*

## Bambus in Pflanzgefäßen

Äußerst dekorativ präsentiert sich Bambus auch in Pflanzgefäßen, als mobiles Grün können sie vielseitig eingesetzt werden. Bedingt durch den begrenzten Pflanzraum benötigt der Bambus im Kübel etwas mehr Pflege als bei Auspflanzung.

Bei der Pflanzung in Gefäße sollte man folgende Punkte beachten, damit der Bambus auch gut gedeiht:

- Das Pflanzgefäß muss ausreichend groß sein, etwa dreimal so groß wie der Wurzelballen. Es sollte frosthart und ein Mindestvolumen von 50 l aufweisen. Bedeutsam sind die Abzugslöcher, damit die Rhizome nicht faulen.
- Das Pflanzsubstrat sollte nährstoffreich, strukturstabil und gut dräniert sein. Ab dem zweiten Standjahr sollte regelmäßig gedüngt werden.
- Die wichtigste Pflegemaßnahme ist das gleichmäßige Gießen, auch an frostfreien Tagen im Winter.
- Entscheidend ist die Arten- bzw. Sortenwahl. Wenn der Kübel im Freien überwintern soll, dürfen nur ausreichend winterharte Sorten gewählt werden.
- Der beste Winterschutz ist das Einsenken der Kübel in den Boden. Eine Alternative dazu bietet das Isolieren des Pflanzgefäßes mit Luftpolsterfolie oder auch mit Stroh. Die Isolierung soll das Durchfrieren des Wurzelballens verhindern.
- Nicht winterharte Arten müssen frostfrei und bei mindestens 5 °C überwintert werden. Tropische Arten brauchen sogar 10 °C.

### Geeignete Bambus-Arten für den Kübel

- *Fargesia nitida*
- *Fargesia murieliae* (in Sorten)
- *Pseudosasa japonica*
- *Pleioblastus auricomus*

Als immergrüne Pflanzen benötigen sie einen hellen Überwinterungsplatz, dunkle Kellerräume sind für Bambus völlig ungeeignet.

**Auch im Topf zeigt Bambus seine volle Schönheit. Zu beachten ist allerdings der hohe Wasserbedarf.**

# Farne im Garten verwenden

Mehr noch als die Gräser sind die Farne reine Blattschmuckstauden. Besonders reizvoll ist bei den Farnen die große Vielfalt der Blattformen und der unterschiedlichen Grüntöne.

In Schattenpflanzungen stehen die verschiedenen Grüntöne der Blätter und die unterschiedlichen Blattformen im Vordergrund.

## Farne im Schattengarten

Die meisten Farne sind Waldpflanzen, die humose und frisch-feuchte Böden, verbunden mit einer gewissen Luftfeuchtigkeit, benötigen. Diese Bedingungen finden sie im lichten Schatten von Gehölzen und Sträuchern. Ideale Schattenspender sind Tiefwurzler mit lichten Kronen. Diese lassen genügend diffuses Licht durch, um den Stauden im Unterwuchs noch ein normales Wachstum zu ermöglichen. Gute Schattenspender sind die Wald-Kiefer *(Pinus sylvestris)* und die verschiedenen Lärchen-Arten *(Larix)*, kleinere Alternativen sind Zierkirschen *(Prunus)*, Zieräpfel *(Malus)* oder auch die Kupfer-Felsenbirne *(Amelanchier lamarckii)*. Geeignete Pflanzplätze für Farne bieten außerdem halbschattige bis schattige Innenhöfe sowie Pflanzflächen im Schatten hoher Mauern. Attraktive Begleiter für Farne sind die Gehölz- oder Schattenstauden. Hierzu zählen natürlich auch die zahlreichen Schattengräser, die in obenstehender Tabelle zusammengefasst sind. Gut kombiniert, können so auch im Halbschatten und Schatten schmuckvolle und abwechslungsreiche Pflanzungen entstehen. Schon durch die Wahl unterschiedlicher Blattformen, -größen und -farben lassen sich interessante Wirkungen erzielen. Unentbehrlich

Mit Farnen lassen sich ganze Gartenbereiche gestalten, die sonst im wahrsten Sinne des Wortes ein Schattendasein fristen würden.

## Blühende Begleiter für den Schattengarten

| | | | | |
|---|---|---|---|---|
| *Aruncus dioicus* | Wald-Geißbart | weiß | 6–7 | 150–200 cm |
| *Astrantia major* | Große Sterndolde | silbrig weiß | 6–8 | 50–70 cm |
| *Bergenia cordifolia* | Bergenie | weiß, rosa | 4–5 | 30–40 cm |
| *Cimicifuga* (in Arten) | Silberkerze | weiß | 7–9 | 120–150 cm |
| *Epimedium* (in Arten) | Elfenblume | gelb, weiß, rot | 4–5 | 15–25 cm |
| *Euphorbia amygdaloides* | Mandelblättrige Wolfsmilch | gelblich grün | 4–5 | 30–60 cm |
| *Helleborus* | Lenzrose, Nieswurz | gelblich, grün | 2–4 | 25–40 cm |
| *Hosta* (in Arten und Sorten) | Funkie | weiß, violettblau | 6–8 | 10–120 cm |
| *Kirengeshoma palmata* | Wachsglocke | zartgelb | 8–9 | 60–90 cm |
| *Polygonatum multiflorum* | Vielblütiger Salomonssiegel | weiß | 5–6 | 60–100 cm |
| *Pulmonaria* (Arten und Sorten) | Lungenkraut | blau, rosa, weiß | 3–5 | 20–30 cm |
| *Rodgersia* (Arten und Sorten) | Schaublatt | cremeweiß | 6–7 | 80–180 cm |
| *Tiarella cordifolia* | Wald-Schaumblüte | cremeweiß | 5–6 | 15–30 cm |
| *Vinca minor* | Kleinblättriges Immergrün | hellblau, weiß | 4–5 | 10–20 cm |

in einer Schattenpflanzung mit Farnen und Gräsern sind großlaubige Schattenstauden wie das Schaublatt *(Rodgersia)* und die Funkien *(Hosta)*, die sich gleichermaßen attraktiv wie kontrastvoll präsentieren. Eine kleine Auswahl schöner Schattenstauden ist in der Tabelle zusammengestellt. Zum Reiz eines schattigen Gartens gehört auch das Licht- und Schattenspiel auf den Pflanzen, das durch den Wind und den Wechsel der Jahreszeiten einer ständigen Veränderung unterliegt.

### Pflanzweise

Je nach ihrer Größe können Farne einzeln oder in kleinen Gruppen verwendet werden. Hohe Arten wie z. B. der Königsfarn *(Osmunda regalis)* pflanzt man am besten einzeln, also solitär. Nur wenige Arten eignen sich als kleinflächige Bodendecker, so z. B. der Himalaja-Frauenhaarfarn *(Adiantum venustum)*. Ebenso verfährt man mit den Begleitern. Stauden, die stattliche Horste bilden, wie z. B. der Wald-Geißbart *(Aruncus dioicus)*, werden einzeln gepflanzt, kleinere Stauden, wie die Bergenie *(Bergenia cordifolia)* oder die Große Sterndolde *(Astrantia major)*, kommen am besten in gruppenweiser Pflanzung (3–5 Stück) zur Wirkung. Niedrig bleibende Arten wie die Elfenblumen *(Epimedium)* werden in größeren Gruppen (9–11 Stück) gepflanzt. Alle Stauden sollten ihrer Größe entsprechend gepflanzt werden, damit sie auch richtig zur Geltung kommen. Eine schöne

Farnwedel bilden im Frühjahr mit ihrem frischen Grüne eine ideale Kulisse für farbenfrohe Frühlingsblüher.

Rhododendron und Farne stellen ähnliche Ansprüche an den Boden und Standort – daher sollten Farne in keinem Rhododendrongarten fehlen

Beetansicht entsteht, wenn man die höheren Stauden in den hinteren Beetbereich pflanzt und die niedrig bleibenden Arten im Vorderbereich zu sehen sind. Dazwischen werden die mittelhohen Stauden eingeordnet.

## Im Frühlingsgarten mit Geophyten

Besonders attraktiv präsentieren sich Farne während des Austriebs. Nicht nur wegen der frischgrünen Farbtöne, sondern auch wegen der Form ihres Austriebs. Das Entrollen der Farnwedel begeistert in jedem Frühjahr erneut. Besonders schöne Beispiele dafür sind der Königsfarn *(Osmunda regalis)*, der Wurmfarn *(Dryopteris)* mit seinen vielfältigen Formen, der Frauenfarn *(Athyrium filix-femina)*, der Trichterfarn *(Matteuccia struthiopteris)* und der Hirschzungenfarn *(Phyllitis scolopendrium)*. Als blühende Begleiter für den Frühlingsgarten bieten sich die Frühlings-Platterbse *(Lathyrus vernus)*, das Kaukasusvergissmeinnicht *(Brunnera macrophylla)*,

### Zwiebelgewächse für den Frühlingsgarten

| | | | |
|---|---|---|---|
| *Anemone nemorosa* | Buschwindröschen | weiß | 3–4 |
| *Anemone blanda* | Balkan-Anemone | blau | 3–4 |
| *Eranthis hyemalis* | Winterling | gelb | 2–3 |
| *Galanthus nivalis* | Kleines Schneeglöckchen | weiß | 2–3 |
| *Hyacinthoides hispanica* | Blauglöckchen | blau | 5 |
| *Leucojum vernum* | Märzenbecher | weiß | 2–3 |

### Farne für absonnige Steingartenbereiche

| | |
|---|---|
| *Adiantum venustum* | Himalaja-Frauenhaarfarn |
| *Asplenium scolopendrium* | Hirschzungenfarn |
| *Asplenium trichomanes* | Braunstieliger Streifenfarn |
| *Blechnum spicant* | Gewöhnlicher Rippenfarn |
| *Polypodium vulgare* | Gemeiner Tüpfelfarn |

Gedenkemein *(Omphalodes verna)*, die Lungenkräuter *(Pulmonaria)* und die Golderdbeere *(Waldsteinia geoides)* an.
Nicht vergessen sollte man in einem Frühlingsbeet Zwiebelgewächse, die auch als Geopyhten bezeichnet werden. Eine gelungene Kombination, denn die im Frühjahr blühenden Geophyten blühen vor und während des Farnaustriebs. Nach der Blüte kaschieren dann die austreibenden Farnwedel das einziehende Laub der Zwiebelgewächse.

## Farne und Gräser im Rhododendrongarten

Optimale Standortbedingungen für Farne und Schattengräser bietet ein Rhododendrongarten, da sie übereinstimmende Standortansprüche mit diesen Ziergehölzen aufweisen. Hinzu kommt, dass die filigranen Farnwedel und die frischgrünen Blattfarben ebenso wie die Schattengräser wirkungsvolle Blattkontraste zu den großen, dunkelgrünen Blättern der immergrünen Rhododendren bilden. Auch die farbprächtigen Blüten der Rhododendren kommen noch besser zur Wirkung.

## Farne für absonnige Steingartenbereiche

Einige Farne sind ausgesprochene Fugen- und Spaltenbewohner, die am besten in absonnigen Steingartenbereichen verwendet werden. Ideale Standorte bieten diesen Fugenbewohnern auch schattige, feuchte, der prallen Mittagssonne abgewandte Mauern.

### Auf einen Blick

- **Gräser:** Gräser sind in der Natur allgegenwärtig; daher findet sich auch für jeden Gartenstandort eine geeignete Art.
- **Bambusse:** Das Bambus-Sortiment bietet sehr vielseitige Verwendungsmöglichkeiten.
- Bambusse können als Solitär, als Hecke, Bodendecker oder auch im Topf verwendet werden.
- **Farne:** Farne sind reine Blattschmuckstauden, die sich im lichten Schatten von Gehölzen oder auch in Mauerfugen besonders wohlfühlen.

# Gräser und Farne pflanzen und pflegen

Standortgerecht verwendete Gräser und Farne legen den Grundstock für pflegeleichte und dauerhafte Pflanzungen. Ergänzend sollten einige Pflanz- und Pflegehinweise beachtet werden, da auch sie einen maßgeblichen Anteil am Erfolg einer Pflanzung aufweisen.

# Gräser pflanzen und pflegen

Gräser gehören zum Standardsortiment der Staudengärtnereien. Nachdem heute eine Staudenpflanzung ohne Gräser kaum noch vorstellbar ist, hat sich auch das Gräsersortiment erheblich vergrößert. Alle Gräser werden im Topf kultiviert und können theoretisch das ganze Jahr über gepflanzt werden. Die besten Voraussetzungen für eine Gräserpflanzung bietet jedoch das Frühjahr. Der Boden ist bereits erwärmt, sodass die Wurzelbildung sofort beginnen kann. Im Herbst sind die Gräserwurzeln nur noch wenig aktiv, deshalb wachsen sie häufig schlecht an, und es treten Ausfälle durch Fäulnis auf.

**Die beste Pflanzzeit für Gräser ist das Frühjahr, wenn der Boden bereits etwas erwärmt ist.**

## Standort

Vor der Pflanzung muss der richtige Standort für die jeweilige Grasart ausgewählt und vorbereitet werden. Entsprechend der Gräservielfalt können hier keine allgemeingültigen Hinweise gegeben werden, doch geben die Porträts (siehe Seite 20 ff.) darüber genauer Auskunft.

### Faustzahlen für die Gräserdüngung

| Halbschatten- und Schattengräser: |
| --- |
| 30–40 g Volldünger/m² |

| Steppengräser: |
| --- |
| 40–50 g Volldünger/m² |

| Beetstaudenähnliche Gräser: |
| --- |
| 50–100 g Volldünger/m² (je nach Größe) |

## Bodenvorbereitung

**Schattengräser** bevorzugen ähnlich wie die Farne lockere, humose Böden. Durch Einarbeiten von Laubkompost, Kompost oder Weißtorf kann der Humusgehalt der Pflanzfläche erhöht werden.
**Steppengräser** fordern einen gut durchlüfteten, nicht zu nährstoffreichen Boden mit bester Wasserdurchlässigkeit. Zu schwere Böden können mit kiesigem und sandigem Material abgemagert werden.

**Beetstaudenähnliche Gräser** verlangen einen frischen, humos-lehmigen Boden. Durch Einarbeiten von reifem Kompost kann die Bodenstruktur verbessert werden.

## Düngung

Zu den Pflegemaßnahmen zählt auch das regelmäßige Düngen der Gräser. Bei der Düngemenge sind die Bedürfnisse der einzelnen Arten zu berücksichtigen (siehe Angaben in den Porträts). Bewährt haben sich mineralische oder organische Volldünger. Einige Faustzahlen sind der Tabelle auf Seite 106 zu entnehmen.

## Rückschnitt

Der Rückschnitt sollte bei Gräsern **grundsätzlich** erst im **Frühjahr** erfolgen, da das eingetrocknete Laub den Horsten einen Winterschutz bietet und viele Arten bei einem Herbstrückschnitt zur Fäulnis neigen. Zudem sind Grashorste und Fruchtstände auch über den Winter hinweg von eindrucksvoller Wirkung. Besonders Raureif und Schnee verzaubern Gräser in bizarre, winterliche Gartenschönheiten.
Im Frühjahr werden alle sommer- und wintergrünen Gräser bis auf die Basis zurückgeschnitten. Bei immergrünen Gräser ist es ausreichend, wenn man beschädigte Blätter ausputzt. Ein Totalrückschnitt ist nur nach extremen Wintern und bei stark geschädigten Blättern notwendig.

Sommer- und wintergrüne Gräser werden erst im Frühjahr mit der Schere bis zur Basis zurückgeschnitten.

Wenn Gräser wie hier aus der Mitte heraus verkahlen, wird es Zeit, sie durch Teilung zu verjüngen.

## Aufnehmen und Teilen veralterter Gräser (Verjüngen)

Erst nach Jahren, wenn die Gräser aus der Mitte heraus verkahlen, wird es Zeit, diese aufzunehmen und zu verjüngen. Mit dem Spaten wird der Horst in Teilstücke geteilt, die dann an einem gut vorbereiteten Pflanzort wieder eingepflanzt werden können.

Um Pampasgräser vor Winternässe zu schützen, werden sie zusammengebunden und mit einer Laubdecke umgeben.

## Ausbreitungsdrang beobachten

Einige Ausläufer bildende Arten verbreiten sich sehr stark oder wuchern sogar. Hier ist es ratsam, den Ausbreitungsdrang zu beobachten und die Gräser regelmäßig mit dem Spaten zu verkleinern.

## Sämlinge

Bei sich selbst versamenden Sorten sollten die Sämlinge entfernt werden, da sie in der Regel weniger attraktiv sind als die reinen Sorten. Dafür sind sie häufig wüchsiger, sodass sie die eigentlichen Sorten auf Dauer überwachsen können. Beispiele sind die vergrünenden Sämlinge der Gold-Waldhirse (*Milium effusum* 'Aureum') oder auch sehr wüchsige Sämlinge von Chinaschilf-Sorten *(Miscanthus)*.
Bei Arten kann die Samenbildung aber auch erwünscht sein, so z. B. bei verschiedenen Federgräsern *(Stipa capillata, Stipa pulcherrima* var. *nudicostata)*, da sie kurzlebig sind und die Arten sich durch Selbstaussaat erhalten. Diese Sämlinge sollten nur ausgedünnt werden, wenn sie zu dicht stehen.

## Winterschutz

Einige Gräser sind empfindlich gegen Winternässe und benötigen insbesondere in exponierten Lagen einen Winterschutz. Bei kleineren Gräsern ist eine trockene Laubschicht ausreichend, die mit Reisig befestigt wird.

Beim Pampasgras *(Cortaderia)* bindet man die wintergrünen Laubschöpfe zusammen und umgibt den Horst mit trockenem Laub, das mit Reisig zusammengehalten wird. Im Frühjahr wird der Winterschutz entfernt, und man schneidet die Horste zurück.
Bei winter- und immergrünen Gräsern sollte bereits bei der Pflanzung auf Standorte geachtet werden, die gut vor Wintersonne geschützt sind.

**Fast alle Gräser können problemlos durch Teilung vermehrt werden. Die beste Teilungszeit ist das Frühjahr.**

## Vermehrung

Ziergräser können vegetativ über Teilung oder generativ über Aussaat vermehrt werden. Teilung ist bei den meisten Gräserarten und -sorten die wichtigste Vermehrungsmethode. Der günstigste Zeitpunkt für das Teilen ist bei den sommergrünen Vertretern das zeitige Frühjahr – am besten, wenn die neuen Triebe gerade sichtbar werden. Zunächst werden die Gräserhorste mit der Grabgabel oder einem Spaten vorsichtig ausgegraben und dann in Teilstücke zerlegt. Diese können an einem gut vorbereiteten Pflanzplatz direkt wieder gepflanzt werden. Leicht teilbare Arten wie z. B. *Festuca*- oder *Carex*-Arten lassen sich oft schon mit bloßer Hand in Teilstücke auseinanderziehen. Die Aussaat hat große Bedeutung vor allem bei den einjährigen Gräsern, da diese nur generativ vermehrt werden können. Ausgesät werden können aber auch einige ausdauernde Arten wie das Moskitogras *(Bouteloua gracilis)* oder die Federgras-Arten *(Stipa capillata, Stipa gigantea, Stipa pulcherrima)*.

**In Töpfen vorgezogenes Gras kann nach den Eisheiligen in den Garten ausgepflanzt werden.**

# Bambusse pflanzen und pflegen

Bambuspflanzen werden in Baumschulen und Gartenfachmärkten angeboten. Besonders große Bambussortimente bieten Bambusgärtnereien, die sich ausschließlich auf die Kultur von Bambus spezialisiert haben. Spezialbetriebe bieten Hunderte von Arten und Sorten an, sodass sich für jeden Standort eine geeignete Art oder Sorte finden lässt.

**Bei horstig wachsenden Bambus-Arten stehen die Halme dicht beieinander. Die Horste verbreitern sich nur langsam.**

Die beste Pflanzzeit für Bambus liegt zwischen März und Oktober. In klimatisch weniger begünstigten Regionen ist eine **Frühjahrspflanzung** zu bevorzugen, da das Frühjahr die besten Voraussetzungen für eine erfolgreiche Pflanzung und ein sicheres Anwachsen bietet. Bei einer Pflanzung im Frühjahr kann der Bambus bis zum Winterbeginn gut einwurzeln und so den ersten Winter schadlos überstehen. Die neuen Wurzeln sorgen für eine ausreichende Wasserversorgung der immergrünen Bambusse im ersten Winter. Bei einer Pflanzung im Sommer ist der erhöhte Wasserbedarf zu beachten und dass die noch jungen Halme leicht knicken.

## Standort

Entscheidend für das Gedeihen von Bambussen im Garten ist der optimale Standort. Daher sollte sich die Arten- oder Sortenwahl immer am Standort orientieren. Die meisten Bambusse bevorzugen einen windgeschützten, sonnigen und lichtschattigen Gartenplatz. Ideal ist eine leichte Beschattung im Winter, die vor zu starker Wintersonne schützt. Wind- und extrem sonnenexponierte Standorte sollte man meiden, um Winterschäden durch Frosttrocknis vorzubeugen. Einige kleinwüchsige Arten (z. B. *Pleioblastus*) bevorzugen halbschattige bis schattige Lagen und eignen sich somit für Unterpflanzungen von Gehölzen.

## Bodenansprüche

Bambus bevorzugt frische bis feuchte Böden mit guten Dränageeigenschaften. Staunasse Böden sind unbedingt zu meiden, da Bambus nässeempfindlich ist. Ideal sind nährstoffreiche sandig-humose Lehmböden. Der pH-Wert sollte im schwach-sauren bis neutralen Bereich (pH-Wert 5,5–6,8) liegen. Allerdings spielt der pH-Wert bei ansonsten optimalen Bedingungen nur eine untergeordnete Rolle. Günstig sind eine hohe Luftfeuchtigkeit und gute Wasserversorgung.

**Ausläufer bildende Bambus-Arten beanspruchen viel Raum, wenn sie nicht durch eine Rhizomsperre eingegrenzt werden.**

## Bodenverbesserung

Besondere Bodenvorbereitungen sind bei schweren und undurchlässigen Böden notwendig, die zur Staunässe neigen. Solche Böden sollten mit Lockerungsmitteln wie Kies und Sand durchlässiger gemacht werden, indem das Aushubmaterial mit Kies und Sand gestreckt wird.

## Pflanzung

Das Pflanzloch für den Bambus sollte mindestens doppelt so breit sein wie der zu pflanzende Ballen. Da Bambus nährstoffreiche und locker-humose Böden liebt, kann dem Aushub reifer Kompost zugesetzt werden, der sorgfältig untergemischt wird. Wenn kein Kompost zugesetzt wird, ist die Beimischung von Hornspänen als Grunddüngung sinnvoll. Je nach Größe des Bambusses ist eine Düngermenge zwischen 100 und 150 g ratsam.
Den Bambus nicht zu tief pflanzen! Die Oberfläche des Wurzelballens darf nur leicht mit Erde überdeckt werden. Nach dem Einpflanzen wird die Pflanze gut angetreten und gründlich gewässert. Anschließend kann gemulcht werden. Als Mulchmaterialien eignen sich Rindenhumus, Kompost oder auch Laubkompost. Da bei der Zersetzung des Mulchmaterials durch die Mikroorganismen Stickstoff festgelegt wird, ist eine zusätzliche Düngermenge von 50 g/m² notwendig.

## Rhizomsperre

Damit die Ausläufer bildenden Bambus-Arten im Garten nicht lästig werden, sollte man die Ausbreitungsgrenzen bereits bei der Pflanzung festlegen. Das gelingt am besten mit einer Rhizomsperre, die gleich beim Pflanzen

Bei Ausläufer bildenden Bambussen sollte unbedingt gleich bei der Pflanzung eine Rhizomsperre eingebaut werden.

## Mein Rat

Einfache Folien sind als Rhizomsperre nicht ausreichend, da die Bambusrhizome sehr spitz und hart sind, sodass sie beispielsweise dünnere Teichfolien problemlos durchstoßen können.

gesetzt wird. Geeignet sind nicht rostende Blechstreifen, Betonringe, Wellpolyester oder Rhizomsperren aus Kunststoff, die im Fachhandel angeboten werden. Leicht biegbare Materialien wie Wellpolyester sind zu bevorzugen, wenn man ganz natürlich verlaufene Grenzen setzen möchte. Der eingegrenzte Raum, der dem Bambus zum Wachstum bleibt, sollte nicht zu eng bemessen sein.
Ausläufer bilden die Arten und Sorten von

- *Phyllostachys*
- *Pleioblastus*
- *Sasa*
- *Pseudosasa*

Die *Fargesia*-Arten und deren Sorten gehören zu den Horst bildenden Bambussen, die keine Rhizomsperre benötigen.

### Einbau der Rhizomsperre

Die Rhizomsperre sollte 70 cm tief eingegraben werden und ca. 4–5 cm aus dem Boden herausragen. So können Rhizome, die aus der Absperrung herauswachsen, problemlos entfernt werden. An den Enden müssen sich die Rhizomsperren gut überlappen, sodass keine Nischen entstehen.
Auch wenn der Einbau einer Rhizomsperre beim Pflanzen zusätzliche Mühen kostet, ist der Aufwand niedriger als das laufende Im-Zaum-Halten der Ausläufer. Denn wenn sich ein Bambus ungehindert ausgebreitet hat, bleibt als Maßnahme zur Eingrenzung nur das Schweiß treibende Abstechen und Ausgraben der Rhizome. Somit ist der Einbau einer Rhizomsperre bei Ausläufer bildenden Arten sicherlich das kleinere Übel.

## Pflegemaßnahmen

### Wässern

Bambusse brauchen während der Wachstumsphase im Sommer ausreichend Wasser und Nährstoffe. Beide Faktoren bilden die Voraussetzung für starke und hohe Bambusrohre, die bei vielen Arten und Sorten eine besondere Zierde bilden. Deshalb sollte in längeren Trockenperioden durchdringend gewässert werden. Ein sicheres Zeichen für Wassermangel ist das Zusammenrollen der Blätter.

### Düngung

Bambus hat einen hohen Nährstoffbedarf. Empfehlenswert ist eine Düngung in Höhe von 50–150 g/$m^2$ je nach Größe der Pflanze. Als Dünger eignen sich stickstoffbetonte, mineralische Mehrnährstoffdünger oder auch organische Dünger wie z. B. Hornspäne. Da Bambus salzempfindlich ist, empfiehlt sich die Verwendung von **salzarmen Düngern**. Die schnell wirksamen mineralischen Dünger sollten auf zwei Gaben im April und Juni verteilt werden. Ab Juli sollte man nicht mehr düngen, damit die Halme noch genügend Zeit haben, um bis zum Winter auszureifen. Außer den handelsüblichen Mehrnährstoffdüngern gibt es im Handel auch spezielle Bambusdünger, die den Siliziumbedarf berücksichtigen.

### Laubfall

Auch wenn Bambusse immergrün sind, verlieren sie kontinuierlich etwas Laub. Die Blätter halten auch bei Immergrünen nicht lebenslang, sondern sie werden alle paar Jahre ausgewechselt. Allerdings immer nur ein Teil, sodass sie immergrün erscheinen. Das abgefallene Laub sollte nicht entfernt werden, da es eine wichtige Düngerquelle darstellt. Bei der Verrottung wird Silizium frei, das so der Pflanze wieder zur Verfügung steht und den Bedarf deckt.

**Das abfallende Laub sollte man aus Bambuspflanzungen nicht entfernen, da es eine wichtige Düngerquelle darstellt.**

## Schnittmaßnahmen

### Auslichten von Bambushainen

Bei vielen aufrecht wachsenden Arten und Sorten, die sich durch besonders schmuckvolle Halme auszeichnen, können gezielte Schnittmaßnahmen die faszinierende Wirkung von Bambuspflanzungen noch steigern. Ausgelichtete Bambushaine wirken transparenter und eleganter als Bambusdickichte, da die einzelnen Halme besser zur Geltung kommen. Bambushalme werden nach 5–7 Jahren unansehnlich, daher ist es ratsam, alle 2–3 Jahre die ältesten Halme dicht am Boden zu entfernen. Je nach persönlichem Geschmack können zwischen 10 und 20 % der Halme ausgelichtet werden.

**Einige niedrige Bambus-Arten eignen sich gut für die großflächige Unterpflanzung von Gehölzen. Bei Winterschäden kann man sie bis zum Boden zurückschneiden.**

### Schnitt von Bambusmatten

Rasenartige Bambusflächen lassen sich problemlos mit Arten und Sorten von *Pleioblastus* verwirklichen. Mithilfe einer Heckenschere können sie kurz gehalten werden. Mit der Zeit entstehen mattenartige Teppiche, die durch ein bis zwei Schnittmaßnahmen pro Jahr auf der gewünschten Höhe von 5–30 cm gehalten werden. Großflächige Bambusmatten können auch mit einem Freischneider oder einem hoch gestellten Rasenmäher in Form gehalten werden.

## Winterhärte

Das Verbreitungsgebiet der Bambus-Arten liegt im tropischen und subtropischen Klimabereich. Alle bei uns im Freiland verwendeten Bambusse stammen aus Ostasien. Dementsprechend ist es nicht verwunderlich, dass einige Arten nur als mäßig frosthart eingestuft werden. Besonders winterhart sind die *Fargesia*-Arten.
Allerdings ist auch zu berücksichtigen, dass die Winterhärte verschiedenen Faktoren unterliegt. Neben der absoluten Temperatur spielen der Standort, das Kleinklima, die Windexposition und auch die Düngung eine wichtige Rolle. Daher ist es schwierig, exakte Winterhärteangaben zu nennen.

### Winterschutz

Durch entsprechende vorbeugende Maßnahmen lassen sich Winterschäden an Bambus weitgehend vermeiden. Winterschutzmaß-

nahmen sind vor allem im ersten Winter nach der Pflanzung zu empfehlen. Eine Winterabdeckung des Rhizombereichs mit trockenem Laub oder Stroh schützt vor Frost. Beide Materialien müssen spätestens Ende März wieder entfernt werden. Geeignet ist auch verrotteter Stallmist, der zusätzlich für gutes Sommerwachstum sorgt.
Der beste Winterschutz für Bambus ist eine Schneeauflage. Der Boden wird durch den Schnee vor Frost geschützt, ebenso die Blätter. Auch wenn sich Bambushalme unter der Schneelast bis zum Boden neigen, sollte man den Schnee nicht von den Halmen entfernen. Bambushalme sind äußerst biegsam und elastisch, sodass sie sich nach der Schneelast wieder unbeschädigt erheben. Damit Bambus auch in schneelosen Wintern nicht erfriert, kann man bei empfindlichen Arten mit einer Mulchschicht aus Laub und Stroh vorbeugen. Unter dieser Schutzschicht gefriert der Boden allenfalls oberflächlich, sodass der Bambus noch mit Wasser versorgt werden kann.

### Wässern als Winterschutzmaßnahme

Die wichtigste vorbeugende Winterschutzmaßnahme ist das Gießen der immergrünen Bambusse vor Winterbeginn. Wie bei allen Immergrünen werden Winterschäden meist durch Trockenheit verursacht. Die so genannten Frosttrocknisschäden entstehen vor allem im Spätwinter, wenn Immergrüne durch starke Verdunstung bei intensiver Sonneneinstrahlung geschädigt werden. Wenn das Bodenwasser noch gefroren ist, kann die Pflanze nicht ausreichend Wasser nachliefern. Als Folge vertrocknen die Blätter und verbräunen. Um Winterschäden vorzubeugen, muss Bambus grundsätzlich gut gewässert in den Winter gehen, damit bei längeren Frostperioden keine Trockenschäden auftreten.

> **Mein Rat**
>
> **Je später im Jahr gepflanzt wird, desto wichtiger ist der Winterschutz für die Bambusse im ersten Winter.**

### Winterschäden

Wenn die Blätter vertrocknet sind, sollte man erst einmal abwarten und nicht gleich die Halme abschneiden. Häufig sind wirklich nur die Blätter und nicht die Halme geschädigt, sodass im Mai wieder neues Grün austreibt. Wenn kein Blattaustrieb erfolgt, müssen die Halme bodengleich zurückgeschnitten werden. Der Bambus wird dann mit neuen Halmen austreiben.

### Vermehren von Bambus

Die beste und einfachste Vermehrungsmethode für Bambus ist das Teilen. Durch das Abstechen von Teilstücken gewinnt man gleich vollwertige Pflanzen, die an einem vorbereiteten Standort sofort gepflanzt werden können. Möglich ist auch das Abnehmen von bewurzelten Rhizomen, die allerdings einige Zeit brauchen, bis sich aus ihnen stattliche Horste entwickeln.

# Farne pflanzen und pflegen

Farne gehören zum Standardsortiment der Stauden. Eine gute Auswahl bieten vor allem Staudengärtnereien. Wer auf der Suche nach besonderen Arten und Sorten ist, wird sicher in speziellen Farngärtnereien fündig, die sich auf die Kultur von Farnen spezialisiert haben (siehe Bezugsquellen Seite 122). Einige der Betriebe bieten auch Versand an.
Farne werden wie andere Stauden auch in Töpfen kultiviert und zum Verkauf angeboten. Somit können Farne während der ganzen Vegetationszeit gepflanzt werden. Eine besonders günstige Pflanzzeit ist das Frühjahr mit Beginn der Wedelentwicklung.

## Standortbedingungen

Farne zu pflanzen und zu pflegen heißt, ihnen gute Standort- und Wachstumsbedingungen zu schaffen und auch zu erhalten. Mit Ausnahme einiger Felsenbesiedler sind die Farne Waldpflanzen – daher findet sich in den Wäldern eine reiche Farnvegetation. Wälder als

Farne fühlen sich im Schatten von Gehölzen besonders wohl. In Kombination mit schattenverträglichen Blattschmuckstauden entstehen schöne Schattengärten.

natürliche Standorte bieten Schutz vor hoher Sonneneinstrahlung und austrocknenden Winden. Außerdem ist das Waldklima durch eine gleichmäßige Boden- und Luftfeuchtigkeit gekennzeichnet, zudem liegen die Temperaturen etwas niedriger als in der Umgebung. In Wäldern wachsen Farne meist in einer dicken Humusschicht, in der sie nur oberflächlich wurzeln.

**Fels- und Mauerfarne wie der Streifenfarn *(Asplenium ceterach)* eignen sich sehr gut zum Pflanzen in Fugen und Spalten von Steinen.**

## Pflanzorte für Farne im Garten

Wenn man Farne im Garten dauerhaft ansiedeln möchte, spielt der Pflanzplatz eine herausragende Rolle. Von den Naturstandorten lassen sich leicht die Bedingungen ableiten, die den Farnen im Garten geboten werden müssen, wenn sie gedeihen sollen.
Geeignete Pflanzflächen für Farne bieten halbschattige bis schattige Gartenplätze unter tief wurzelnden Bäumen und Sträuchern, Pflanzflächen vor Mauerwänden oder auch Beete im Schatten von Hauswänden. Die Fels-, Mauer- und Geröllfarne sollten wie in der Natur in Verbindung mit Stein verwendet werden. Pflanzorte im Garten finden sich in absonnigen Steingartenbereichen oder in Mauern.

## Bodenvorbereitung

Die wichtigste Grundlage für eine Farnpflanzung ist die Bodenvorbereitung des Standortes. Farne sind zumeist Humusbewohner, die verhältnismäßig flach wurzeln und nicht in die Tiefe gehen. Ideal ist ein humusreicher, lockerer Boden auf durchlässigem Untergrund. Falls der Boden diese Anforderungen nicht erfüllt, sollte der Standort entsprechend vorbereitet werden.
Zuerst muss die Fläche tief gelockert werden. Zur Erhöhung des Humusgehaltes können Laubkompost, Weißtorf oder eine Mischung aus beiden in die obere Bodenschicht eingearbeitet werden. Je schwerer und dichter der Boden ist, desto mehr Humusstoffe müssen eingearbeitet werden, damit eine lockere Bodenstruktur entsteht. Als Grunddüngung sollte man 50 g Hornspäne pro $m^2$ in die obere Bodenschicht einarbeiten. Zum Abschluss der Bodenvorbereitung sollte zum Schluss noch eine 5 cm dicke Humusschicht aufgetragen werden.

## Pflanzung

Beim Pflanzen ist zu beachten, dass die horstartig wachsenden Farne nicht zu hoch gepflanzt werden, da die Wurzelstöcke allmählich nach oben wachsen. Sie sollten etwas tiefer stehen, als sie beim Kauf im Topf gestanden haben. Eine Ausnahme bilden alle Farne mit kriechendem Wurzelstock (z. B. *Adiantum* oder *Polypodium*), die nur flach gepflanzt werden dürfen. Nach der Pflanzung müssen die Farne fest angedrückt und gut angegossen werden. Abschließend kann der Boden mit Laubkompost als Mulchschicht abgedeckt werden.

### Fels- und Mauerfarne

Auch die Nischen bewohnenden Fels- und Mauerfarne brauchen einen ausreichend großen Wurzelraum in Fugen und Spalten. Die vorgesehenen Pflanzstellen füllt man mit humoser Pflanzerde. Nach dem Angießen und Setzen der Erde können die Farne in die Nischen gepflanzt werden.

## Pflegemaßnahmen

Farne sind Waldpflanzen, und somit sind sie auf das jährliche Falllaub der Laubgehölze angewiesen. Das Laub bietet einen natürlichen Winterschutz und dient der Humusversorgung. Im Garten bedeutet dies, dass das herabfallende Laub unbedingt in einer Farnpflanzung belassen werden muss. Farnpflanzungen im Mauerschatten sollten daher jährlich im Herbst mit Laub oder Laubkompost überzogen werden, um so den fehlenden Laubfall zu ersetzen.

Auch die abgestorbenen Farnwedel sollten über Winter an den Pflanzen belassen werden, sie bieten ebenso wie das Laub einen natürlichen Schutz gegen die Winterkälte. Das Entfernen der sommer- und wintergrünen Wedel erfolgt deshalb erst im zeitigen Frühjahr, wenn die jungen Farnwedel sich zu entwickeln beginnen. Bei vielen Farnen kann das Ausschneiden auch entfallen, da die alten Blätter mit der Zeit von den neuen Wedeln überwachsen werden.

### Nährstoffversorgung

Wenn man das Falllaub und die alten Farnwedel in der Pflanzung belässt, kann in der Regel auf regelmäßige Düngergaben verzichtet werden. Eine Düngung ist vor allem dann sinnvoll, wenn nicht jedes Jahr für eine ausreichende Humusversorgung gesorgt wird. Dann sollte man mit 30–40 g/m² eines Mehrnährstoffdüngers düngen, um die Nährstoffbilanz auszugleichen. Geeignet sind organische Dünger wie Hornspäne oder Rizinusschrot.

### Erhöhung der Boden- und Luftfeuchte

Farne bevorzugen eine ausreichend hohe und gleichmäßige Boden- und Luftfeuchtigkeit. In Trockenzeiten sollte die Luftfeuchtigkeit mithilfe fein sprühender Regner oder Sprühschläuche erhöht werden. Dadurch wird vor allem die Luftfeuchtigkeit erhöht, die bei den Farnen fast als wichtiger zu erachten ist als

Über Winter sollte man die Farnwedel unbedingt an den Pflanzen belassen, da sie einen natürlichen Winterschutz bieten.

die Bodenfeuchte. Durch das regelmäßige Sprühen bei trockener warmer Witterung wird das frühzeitige Verbräunen der Farnwedel im Hochsommer verhindert.

### Frosttrocknis

Um winter- und immergrüne Farne vor Frosttrocknis zu schützen, ist bereits bei der Pflanzung für einen schattigen und windgeschützen Pflanzplatz zu sorgen.
Frosttrocknisschäden treten vor allem bei sonnen- und windexponierten Standorten auf.

## Vermehrung von Farnen

Die einfachste Vermehrungsmethode für Farne ist die Teilung. Einige Farne können aber auch über Ausläuferschnittlinge, Blattstielgrundstecklinge oder Brutknospen vermehrt werden. Etwas komplizierter ist die generative Vermehrung über die Sporenaussaat.

### Teilung

Eine einfache und leicht durchführbare Vermehrungsmethode bei Farnen ist das Teilen.

Bei der Sporenaussaat bilden sich zunächst kleine grüne Vorkeime, aus denen sich dann die Farne entwickeln.

Jeder Tüpfel auf der Unterseite eines Farnwedels besteht aus einer Gruppe von Sporenbehältern.

Der beste Zeitpunkt für die Teilung ist das Frühjahr, wenn die Pflanzen mit dem Austrieb beginnen. Alle trichterförmig wachsenden Farne sollten erst dann geteilt werden, wenn mindestens drei Rhizomköpfe vorhanden sind, die deutlich voneinander getrennt wachsen. Mehrköpfige Farne werden am besten an ihrem Standort geteilt, indem die Wurzeln zwischen den Rhizomköpfen mit einem Spaten abgestochen werden. Die einzelnen Rhizomköpfe werden dann ausgegraben. Dabei sollten die Wurzeln möglichst geschont werden, um das Anwachsen zu erleichtern. Kräftige Teilstücke können sofort wieder an einem gut vorbereiteten Pflanzort eingepflanzt werden. Noch einfacher ist das Teilen bei Arten, die buschig oder mit kriechenden Rhizomen teppichartig wachsen. Hierzu gehören beispielsweise *Adiantum venustum* und *Thelypteris palustris*. Für die Vermehrung werden die Wurzelstöcke mit einer Grabgabel vorsichtig aufgenommen und ausgeschüttelt. Dann können sie in etwa handtellergroße Teilstücke zerlegt werden. Für die weitere Entwicklung ist es vorteilhaft, wenn man diese zunächst im Topf kultiviert.

## Schnittlinge

Ausläuferbildende Farne können durch Ausläuferschnittlinge vermehrt werden. Bekannte Vertreter wie die *Matteuccia*-Arten bilden oft bis zu einen Meter lange Ausläufer. Diese werden im Frühjahr oder Herbst vorsichtig ausgegraben und in 5 cm lange Stücke geschnitten. Die Schnittlinge werden dann in Kisten gelegt und getopft, wenn sich kleine Wedel gebildet haben. Blattstielgrundstecklinge werden vor allem beim Hirschzungenfarn und dessen Sorten angewendet. Einige Farne können auch durch Brutknospen vermehrt werden, die sich auf der Wedelunterseite an der Ansatzstelle der Fiedern bilden. Diese Vermehrungsmethode betrifft vor allem die *Polystichum-setiferum*-Formen. Bei diesen können aus den erbsengroßen, grünen Brutknospen sehr schnell junge Farnpflanzen herangezogen werden.

## Vermehrung durch Sporen

Die Vermehrung der Farne durch Sporen ist die ergiebigste Vermehrungsart, allerdings auch etwas langwieriger. Als Aussaaterde ist reiner Weißtorf gut geeignet, der vorher mit kochendem Wasser keimfrei gemacht wird. Zuerst werden die Sporen gesammelt. Die Reifezeiten variieren bei den verschiedenen Arten von Spätsommer bis Herbst. Die Sporen sind reif, wenn sich die Sporenbehälter von Grün nach Braun verfärben. Bei der Ernte werden die Farnwedel abgeschnitten und in Tüten verpackt. Sobald die Wedel etwas antrocknen, fallen die reifen Sporen aus. Sie können dann sofort ausgesät werden.

Die Sporen werden dünn gesät und leicht angedrückt, jedoch nicht abgedeckt. Nach der Aussaat stellt man die Saatschalen an einem schattigen, warmen Ort auf und hält sie feucht. Nach etwa 4–6 Wochen bilden sich grüne Vorkeime (Prothallien). Diese entwickeln sich zu einem Prothallienrasen, aus dem später junge Farnpflänzchen entstehen. Wenn die ersten Wedel sichtbar werden, kann man die Pflänzchen pikieren.

## Auf einen Blick

**Gräser:**

- Die beste Pflanzzeit für Gräser ist das Frühjahr.
- Sommer- und wintergrüne Gräser sollten grundsätzlich erst im Frühjahr zurückgeschnitten werden.
- Aus der Mitte heraus verkahlende Grashorste sollte man beizeiten durch Teilung verjüngen.
- Sämlinge von Sorten entfernt man besser, da sie meistens weniger attraktiv sind als die Sorten.
- Empfindliche Gräser sollten im Winter mit einer trockenen Laubschicht geschützt werden.

**Bambusse:**

- Während der Wachstumszeit und vor Winterbeginn ausreichend wässern.
- Dafür sorgen, dass stets ausreichend Nährstoffe zur Verfügung stehen.
- Das abgefallene Laub in der Pflanzung belassen.
- Ein Winterschutz ist nur im Pflanzjahr und bei besonders empfindlichen Arten erforderlich.

**Farne:**

- Falllaub unbedingt in der Pflanzung belassen, es bietet einen natürlichen Winterschutz und ist wichtig für die Humusbildung und Nährstoffversorgung.
- Alte sommer- und wintergrüne Farnwedel sollte man erst im Frühjahr entfernen, auch sie schützen im Winter.
- Bei vielen Arten kann auf den Schnitt verzichtet werden, da die alten Wedel rasch überwachsen werden.

# Adressen, die Ihnen weiterhelfen

Die nachfolgenden Bezugsquellen erheben keinen Anspruch auf Vollständigkeit. Über den Bund deutscher Staudengärtner (BdS) erhalten Sie eine Liste mit Adressen aller Mitgliedsbetriebe und ihren Sortimentsschwerpunkten.

## Bund deutscher Staudengärtner

Godesberger Allee 142–148
53175 Bonn
www.stauden.de
www.staudensichtung.de

## Staudengärtnereien

Arends und Maubach
Stauden & Gartenarchitektur
Monschaustr. 76
42369 Wuppertal
www.arends-maubach.de

Staudengärtnerei Augustin
Neunkirchener Str. 15
91090 Effeltrich
www.stauden-augustin.de

Baltin-Stauden
Mörser Str. 29
38442 Wolfsburg-Ehmen
www. baltin-stauden.de

Bamberger Staudengarten
Edith und Johann Strobler
Gundelsheimer Straße 80
96052 Bamberg
www.bamberger-staudengarten.de

Staudengärtnerei Bartel
Am Tennisplatz 4
99092 Erfurt
www.gaertnerei-bartel.de

Stauden Becker
Försterstr. 42
46539 Dinslaken
www.stauden-becker.de

Behrens Garten-GmbH & Co. KG
Soerser Weg 27
52070 Aachen
www.behrens-garten.de

Staudenkulturen
Doris Ehrhardt
Neustadter Straße 25
91085 Weisendorf
www.stauden-ehrhardt.de

Foerster-Stauden GmbH
Am Raubfang 6
14469 Potsdam-Bornim
www.foerster-stauden.de

Gräser.Stauden.Raritäten
Frank Scholten
Im Rosengarten 19
51381 Leverkusen
www.gras-land.de

Lohhof-Stauden
Lohhof 28
31600 Uchte

Staudengärtnerei
Dieter Gaißmayer
Jungviehweide 3
89257 Illertissen
www.staudengaissmayer.de

Gärtnerei Goldmann
Alte Reutstraße 265
90765 Fürth-Braunsbach
www.goldmann-stauden.de

Gropper-Stauden
Schafhofäcker 2
71334 Waiblingen
www.gropper-stauden.de

Stauden Haid
Albert-Schweitzer-Str. 33
85049 Ingolstadt
www.stauden-haid.de

Härlen Staudengärtnerei
Unter den Linden 100
21435 Stelle
www.haerlen-stauden.de

Häussermann
Stauden und Gehölze GbR
Im Kornfeld 4
71696 Möglingen
www.haeussermann.com

Baumschule Huben
Schriesheimer Fußweg 7
68526 Ladenburg
www.huben.de

Gärtnerei Hügin
Zähringer Straße 281
79108 Freiburg
www.ewaldhuegin.com

Lux-Staudenkulturen
Gärtnerweg 39
01796 Pirna
www.luxstauden.de

Stauden Junge
Seeangerweg 1
31787 Hameln
www.stauden-junge.de

Kayser & Seibert
Odenwälder Pflanzenkulturen
Wilhelm-Leuschner-Straße 85
64380 Roßdorf
www.kayserundseibert.de

Staudengärtnerei Kirschenlohr
Im Lammsbauch 29
67346 Speyer
www.stauden-kirschenlohr.de

Klingel & Luckhardt
Pflanzenkulturen
Fliederweg 10
21789 Wingst

Staudengärtnerei Klose
Rosenstr. 10
34253 Lohfelden
www.staudengaertner-klose.de

Staudengärtnerei Manig
Parkweg 19
04938 Uebigau
www.stauden-manig.de

Michael Moll
Leinfelder Str. 37
70771 Leinfelden-Echterdingen
www.moll-stauden.de

Staudengärtnerei Mühring
Hauptstr. 167
26810 Westoverledingen-Völlenerfehn

Staudengärtnerei Näpfel
Äußere Nürnberger Straße 99
91710 Gunzenhausen

Staudengärtnerei
Jürgen Peters
Auf dem Flidd 20
25436 Uetersen
www.alpine-peters.de

Staudengärtnerei Poltermann
Weimarische Straße 27f
99099 Erfurt

Pöppel-Stauden
Hauptstr. 95
28816 Stuhr-Seckenhausen
www.poeppel-stauden.de

Stauden-Siebler
Am Toggraben 1
29690 Schwarmstedt
www.stauden-siebler.de

Staudengärtnerei Schöllkopf
Gewand Heckwiesen
72770 Reutlingen-Betzingen
www.staudengärtnerei-schoellkopf.de

Staudenkulturen Stade
Beckenstrang 24
46325 Borken-Marbeck
www.stauden-stade.de

Willi Tangermann
Stauden-Kulturen
Rauhe Wiese 17
31171 Nordstemmen
www.tangermann-stauden.de

Hans-Joachim Wachter
Rollbarg 17
25482 Appen-Etz

Floragarten Weinreich
Neue Str. 1
39326 Wolmirstedt

Staudengärtnerei
Ursel Wichmann
Wallweg 1
26215 Wiefelstede
www.stauden-wichmann.de

Staudengärtnerei
Gräfin von Zeppelin
Weinstr. 2
79295 Sulzburg-Laufen
www.graefin-von-zeppelin.de

### Österreich

Stauden Feldweber
Ort 139
A-4974 Ort im Innkreis
www.feldweber.com
www.staude.at

Sarastro Stauden
Christian H. Kreß
Ort 131
A-4974 Ort im Innkreis
www.sarastro-stauden.com

### Schweiz

Staudengärtnerei
Hospenthal-Kägi
Landstr. 37
CH-5417 Untersiggenthal
www.hospenthal-kaegi.ch

## Spezialgärtnereien

### Farne

Spezialgärtnerei für Freilandfarne
Dirk Wiederstein
Hauptstr. 9
56237 Sessenbach
www.farn-gaertnerei.de

Duft- und Wandelgärtnerei
Schoebel
29468 Bergen-Dumme
www.gaertnerei-schoebel.de

### Farnkraut

Gärtnerei für winterharte
Farnpflanzen
Hummenstr. 17
31785 Hameln
www.farnkraut.de

### Bambus

Bambus-Informationszentrum
Ramhorster Str. 1
31275 Lehrte-Steinwedel
www.bambus-info.de

Bambus-Centrum Deutschland
Baumschule Eberts
Saarstraße 3–5
76532 Baden-Baden
www.bambus.de

Bambusinsel Schlaukötter
Venloer Str. 1491
50259 Pulheim

Bambus Ulrich Willumeit
Nussbaumallee 71
64297 Darmstadt
www.bambus-baumschule.de

## Zubehör, Werkzeug

Gartenbedarf Versand
Richard Ward
Postfach 5200
87733 Markt Rettenbach
www.gartenbedarf-Versand.de

# Stichwortregister

**Über die Autorin**

Ulrike Leyhe, Dipl. Ing. agr., Baumschulausbildung und Gehilfenzeit in Wuppertal, Studium der Gartenbauwissenschaften TU München, Referendariat in NRW , seit 1996 Technische Leiterin der Weihenstephaner Gärten der Forschungsanstalt für Gartenbau Weihenstephan.

**Bibliographische Information Der Deutschen Bibliothek**
Die Deutsche Bibliothek verzeichnet diese Publikation in der Deutschen Nationalbibliografie; detaillierte bibliografische Daten sind im Internet über http.//dnb.ddb.de abrufbar.

**Bildnachweis:**

Adams: Seite 60, 65
Borstell: Seite 16 r. und l., 22, 23, 25, 31, 35 o., 39 o., 40, 41, 42, 44, 54, 58 r. und l., 63, 68, 71, 74, 75 o., 77, 82, 85 alle außer o.r., 87 o.r., 93, 96 u., 98, 99, 100 o., 102 r., 119
Brand: Seite 91, 92
GBA/Didillon: Seite 6/7, 14/15, 48, 51 u., 55, 116
GBA/Bolton: Seite 86
GBA/GPL: Seite 88
GBA/Noun: Seite 100 u.
Hagen: Seite 10 r. und l., 25 u., 27, 29 o., 39 u., 43, 61, 67 o. und u., 87 o.M., 110, 112, 113, 114
Leyhe: Seite 13, 32 l., 52, 106, 107 u., 108, 120 o.
Pforr: Seite 9, 29 u., 87 u.l.
Redeleit: Seite 104/105, 111
Reinhard: Seite 8, 12, 37 o. und u., 47, 56, 70, 72, 76, 80/81, 83, 85 o.r., 87 u.r., 94, 96 o.
Sauer/Hecker: Seite 49 o.
Seidl: Seite 20, 21 u., 26, 32 r., 34, 35 u., 36, 45, 46, 51 o., 53, 57, 64, 66, 71 o., 73, 75 u., 78, 79, 87 o.l., 90
Strauß: Seite 1, 2/3, 11, 21 o., 24, 38, 89, 107 o., 109 o. und u., 117
Waldhäusl: Seite 28, 50, 59 u., 102 l., 120 u.

Überarbeitete und erweiterte Neuausgabe des Titels »Gräser und Farne« aus der Reihe »BLV Garten Plus«.



BLV Buchverlag GmbH & Co. KG
80797 München



Umschlagfotos:
Blickwinkel/A. Held (Vorderseite);
Strauß (Rückseite)

Lektorat: Dr. Thomas Hagen
Redaktion: Redaktionsbüro Wolfgang Funke, Augsburg

Herstellung: Hermann Maxant

Satz: Uhl + Massopust, Aalen

Gedruckt auf chlorfrei gebleichtem Papier

Printed in Germany · ISBN 978-3-8354-0572-1